普通高等教育土木工程专业新形态教材

房屋建筑施工组织

张厚先　郁海军　贾铁梅　侯晓伟　主编

U0378226

清华大学出版社
北京

内 容 简 介

本书内容包括房屋建筑的施工组织概述、流水施工方法、网络计划技术、单位工程施工组织设计、施工组织总设计等 5 章,以及施工定额摘录、样卷及其答案和评分标准、课程设计任务书及指导意见等附录,各章均附有习题和参考资料。本书可作为高等学校土木工程及相关专业的教材和参考书,也可以作为建筑业从业者参考资料。

版权所有,侵权必究。举报:010-62782989,beiqinquan@tup.tsinghua.edu.cn。

图书在版编目(CIP)数据

房屋建筑施工组织/张厚先等主编. —北京:清华大学出版社,2022.6
普通高等教育土木工程专业新形态教材
ISBN 978-7-302-59845-9

Ⅰ. ①房… Ⅱ. ①张… Ⅲ. ①建筑施工-施工组织-高等学校-教材 Ⅳ. ①TU72

中国版本图书馆 CIP 数据核字(2022)第 005969 号

责任编辑:刘一琳 王 华
封面设计:陈国熙
责任校对:欧 洋
责任印制:丛怀宇

出版发行:清华大学出版社
　　　　　网　　　址:http://www.tup.com.cn,http://www.wqbook.com
　　　　　地　　　址:北京清华大学学研大厦 A 座　　　邮　　编:100084
　　　　　社 总 机:010-83470000　　　　　邮　　购:010-62786544
　　　　　投稿与读者服务:010-62776969,c-service@tup.tsinghua.edu.cn
　　　　　质量反馈:010-62772015,zhiliang@tup.tsinghua.edu.cn
印 装 者:北京嘉实印刷有限公司
经　　销:全国新华书店
开　　本:185mm×260mm　　印　张:11.5　　　　　字　　数:277 千字
版　　次:2022 年 6 月第 1 版　　　　　　　　　　印　　次:2022 年 6 月第 1 次印刷
定　　价:39.80 元

产品编号:093225-01

前 言
PREFACE

当今社会价值多元化、高等教育普及化和信息化,深刻影响高等教育。施工课教学目标和教学内容选择、施工教材,都与专业口径宽窄有关,理应因社会需求、高等教育思想的变化而变化。

土木工程专业 1998 年出现,涵盖房屋、路桥、矿山、港口等多领域,历经新中国成立前的铁路专科、新中国成立后一段时间的工民建(工业与民用建筑的简称)、1993 年以后的建筑工程等专业口径变化。高等学校土木工程专业指导委员会(简称专指委)2002 年制定的《高等学校土木工程专业本科教育培养目标和培养方案及课程教学大纲》要求土木工程专业至少学习两个课程群(即上述专业领域),2011 年专指委制定的《高等学校土木工程本科指导性专业规范》取消此要求,明确专业口径拓宽重在基础拓宽;2016 年我国开展专业认证,要求加强数学、流体力学、环境保护方面的能力培养,重在基础拓宽。近二三十年来很多应用型本科院校专业教育追求宽基础、适口经、强能力的培养目标,以及专业认证以学生为本、培养学生解决复杂问题能力的理念,是施工课的教学目标,也是本书编写的指导思想。一门专业课及其教材在拓宽专业口径后涵盖两个或更多个专业领域,存在不合理之处,例如:在路桥规范与房屋规范都不一致的情况下,混凝土结构课很难同时适用于两个专业领域;在路桥构造和结构都不讲的前提下施工课讲路桥施工存在严重的逻辑问题。因此,本书的专业领域仅限于房屋建筑。

"建筑"的解释之一为建造房屋、道路、桥梁等(第二个解释是建筑物),"建筑工程"是通过对各类房屋建筑及其附属设施的建造和与其配套的线路、管道、设备的安装而形成工程实体。因此,"土木工程专业建筑工程方向"的专业领域(房屋建筑的土建专业)只是"建筑工程"的一部分;与"房屋建筑学"的课程和教材名称类似,"房屋建筑施工"不涉及道路、桥梁和设备领域,比"建筑施工""建筑工程施工"的专业领域更加明确。

除了上述课程专业领域选择和教学目标定位外,本书的创新主要有两方面:一是提出课程内容新的概括。"房屋建筑施工组织"课程讲授房屋建筑施工的分项工程顺序、资源组合。按照《建筑工程施工质量验收统一标准》(GB 50300—2013),"分项工程"是建筑工程按主要工种、材料、设备、工艺(即加工产品的方法或过程)的划分,如土方开挖、土方回填、钢筋混凝土预制桩、模板、钢筋、混凝土、砖砌体等,这种划分的适应面大于工种工程,如土方开挖就没有工种。二是提出诸多施工组织新观点。包括:提出了施工组织在基本建设程序中的地位、施工组织设计的作用、审查施工图纸的内容及案例、流水施工与其他生产活动中的流水作业的区别;举例说明了流水施工与依次施工、平行施工、搭接施工的区别;提出了严格流水施工的概念并给出了多层框架结构主体工程严格流水施工案例;提出了成倍节拍流水方式的一般性意义、流水参数在实际工程应用时的选定步骤;系统阐述了流水施工的参数、效果、分类,提出了施工缝抗剪弱于抗弯的分析、多施工层流水施工最少段数的证明、施工平面图参照建筑给水平面图表示水路、$TF_{i-j} \geqslant FF_{i-j}$ 和 $LS_{j-k} \geqslant ES_{j-k}$ 的证明;引入了流水作业的发展简史并解释其效果、现浇钢筋混凝土剪力墙结构高层住宅主体工程流水施工案例、小流水施工法案例、施工临时用水用电设计、网络计划电算方法、时标网络计划关键线路标准的证明、安全文明工地标准、绿色施工要点、施工定额摘要;简要总结了房屋建筑基础工程、主体工程、装饰工程的一般施工顺序;提出了施工平面图设计需要尺寸和位置标注的观点;引用了教材编著者网络计划优化研究的结论;编写了施工组织设计课程设计任务书及指导意见、考试样题及其答案和评分标准。

本书包括施工组织概述、流水施工方法、网络计划技术、单位工程施工组织设计、施工组织总设计 5 章,以及施工定额摘录、样卷及其答案和评分标准、课程设计任务书及指导意见等附录内容。其特点主要是:(1)覆盖专指委专业规范中施工课内容的组织部分,但不涉及房屋建筑以外的土木工程专业领域;(2)突出专业知识的理论性、实用性、系统性,致力于培养学生解决房屋建筑施工现场较复杂组织问题的能力;(3)提出诸多新观点;(4)以图片、文字的表现形式为主。

本书第 1 章、第 2 章、第 5 章、附录由张厚先编写;第 3 章由贾铁梅编写;第 4 章 4.1 节~4.5 节、4.8 由侯晓伟编写;4.6 节~4.7 节由郁海军编写。全书由张厚先统稿。

作者基于 30 余年教学经验和教材编写经验编写本书,同时参考了很多同行的教学成果,在此对相关资料作者表示衷心感谢。由于作者水平有限,书中难免存在不足之处,欢迎广大读者批评指正。

作 者

2021 年 11 月

目录
CONTENTS

第1章

施工组织概述

1.1　施工组织的研究对象

施工组织的研究对象是施工的分项工程顺序、资源组合。

"施工"是实施工程,是按照设计或计划建造房屋、桥梁、道路、水利工程等。"工程"是需要投入巨大人力和物力的工作,如土木工程、机械工程、化学工程、采矿工程、水利工程等。"组织"可以有两层含义,一是名词,即组织机构(人的集合体),二是动词,即配置资源、处理关系的活动。

按照《建筑工程施工质量验收统一标准》(GB 50300—2013)的定义,"分项工程"是建筑工程按主要工种(如钢筋工程、模板工程、混凝土工程)、设备类别(如强夯地基、注浆地基)、材料(如灰土地基、砂石地基)、施工工艺(工艺即方法或过程,如钢筋混凝土预制桩基础、干作业成孔桩基础)的划分,这种划分适应面大于工种工程,如土方开挖分项工程没有对应的工种;而"建筑工程"是通过对各类房屋建筑及其附属设施的建造和与其配套的线路、管道、设备的安装所形成的工程实体。

"资源"是生产或生活资料的天然来源,可以指"人机料法钱"(即人工、机械、材料、方法、资金,简称"5M")、空间、信息、时间等。"资源组合"表现在施工进度计划、施工平面图等。

"施工组织设计"是开始施工前对如何组织施工的设计或计划。

"施工技术"研究施工分项工程的方法和原理。"施工技术""施工组织"各有侧重又相互联系。

项目管理是为使项目取得成功(实现目标)所进行的全过程、全方位的规划、组织、控制、协调,发生在建设项目全寿命周期的实施阶段。建设项目全寿命周期分为决策阶段、实施阶段、使用阶段,决策阶段进行的管理称为开发管理,实施阶段的管理称为项目管理,使用阶段的管理称为设施管理。项目管理的系统理论形成于 20 世纪 60 年代。我国 1988 年试点项目管理,1991 年全行业推进,2003 年取消项目经理资质核准,由注册建造师代替。按照《建设工程项目管理规范》(GB/T 50326—2017),项目管理规划作为指导项目管理工作的纲领性文件,应对项目管理的目标、依据、内容、组织、资源、方法、程序和控制措施进行确定。项目管理规划应包括项目管理规划大纲和项目管理实施规划两类文件。项目管理规划大纲应由组织的管理层或组织委托的项目管理单位编制;项目管理实施规划应由项目经理组织编制。大中型项目应单独编制项目管理实施规划;承包人的项目管理实施规划可以用施工组织设计或质量计划代替,但应能够满足项目管理实施规划的要求。项目管理规划大纲是项目管理工作中具有战略性、全局性和宏观性的指导文件。项目管理实施规划应对项目管理规划大纲进行细化,使其具有可操作性。项目管理规划大纲应包括下列内容,组织应根据需要选定:①项目概况;②项目范围管理规划;③项目管理目标规划;④项目管理组织规划;⑤项目成本管理规划;⑥项目进度管理规划;⑦项目质量管理规划;⑧项目职业健康安全与环境管理规划;⑨项目采购与资源管理规划;⑩项目信息管理规划;⑪项目沟通管理规划;⑫项目风险管理规划;⑬项目收尾管理规划。项目管理实施规划应包括下列内容:①项目概况;②总体工作计划;③组织方案;④技术方案;⑤进度计划;⑥质量计划;⑦职业健康安全与环境管理计划;⑧成本计划;⑨资源需求计划;⑩风险管理计划;⑪信息管理计划;⑫项目沟通管理计划;⑬项目收尾管理计划;⑭项目现场平面布置图;⑮项目目标控制措施;⑯技术经济指标。项目管理实施规划比传统的施工组织设计内容多,但传统的施工组织设计也可以发展,吸收项目管理实施规划的内容。

项目风险管理过程应包括项目实施全过程的风险识别、风险评估、风险响应和风险控制。风险评估的内容包括:①风险因素发生的概率;②风险损失量的估计;③风险等级评估。项目风险控制,是在整个项目进程中,组织应收集和分析与项目风险相关的各种信息,获取风险信号,预测未来的风险并提出预警,纳入项目进展报告;组织应对可能出现的风险因素进行监控,根据需要制订应急计划。

项目沟通管理,是建立项目沟通管理体系,健全管理制度,采用适当的方法和手段与相关各方进行有效沟通与协调。项目沟通与协调的对象应是项目所涉及的内部和外部有关组织及个人,包括建设单位、勘察设计、施工、监理、咨询服务等单位以及其他有关组织。组织应根据项目的实际需要,预见可能出现的矛盾和问题,制订沟通与协调计划,明确原则、内容、对象、方式、途径、手段和所要达到的目标。组织应针对不同阶段出现的矛盾和问题,调整沟通计划。组织应运用计算机信息处理技术,进行项目信息收集、汇总、处理、传输与应用,进行信息沟通与协调,形成档案资料。沟通与协调的内容应涉及与项目实施有关的信息,包括项目各相关方共享的核心信息、项目内部和项目相关组织产生的有关信息。项目沟通计划应由项目经理部组织编制。

项目收尾阶段应是项目管理全过程的最后阶段,包括竣工收尾、验收、结算、决算、回访保修、管理考核评价等方面的管理。

1.2 施工组织在基本建设程序中的地位

基本建设程序又称为建设项目建设程序。我国基本建设程序分为 5 个阶段:决策、设计、准备、实施、竣工验收。国外基本建设程序与我国基本相同,只是具体划分形式有所区别。以施工单位为行为主体的施工组织,发生在准备、实施、竣工验收 3 个阶段。

1. 基本建设(或建设项目建设)

基本建设指建造、购置、安装固定资产及其相关工作。

"固定资产"指使用期限和单项价值均在国家规定限额以上者,使用过程中保持原有实物形态的物质资料。固定资产,属于产品生产过程中用来改变或者影响劳动对象的劳动资料,是固定资本的实物形态。固定资产在生产过程中可以长期发挥作用,长期保持原有的实物形态,但其价值则随着企业生产经营活动而逐渐地转移到产品成本中去,并构成产品价值的一个组成部分。根据重要性原则,一个企业把劳动资料按照使用年限和原始价值划分固定资产和低值易耗品。对于原始价值较大、使用年限较长的劳动资料,按照固定资产来进行核算;而对于原始价值较小、使用年限较短的劳动资料,按照低值易耗品来进行核算。在中国的会计制度中,固定资产通常是指使用期限超过一年的房屋、建筑物、机器、机械、运输工具以及其他与生产经营有关的设备、器具和工具等。

"相关工作"指征地拆迁、勘察设计、科研试验、建设单位管理等。

基本建设按性质分新建、改建、扩建、迁建、恢复建设 5 类。

建设项目大到一个企业或事业单位如棉纺厂、学校,小到一个单位工程。按照《建筑工程施工质量验收统一标准》(GB 50300—2013),单位工程指独立施工、独立使用的建筑物或构筑物,单位工程按专业、部位划分为 10 个分部工程:地基基础、主体、装饰装修、屋面、水暖、电、通风空调、电梯、智能建筑、建筑节能。分部工程按工种、材料、设备、工艺等划分为分项工程,如土方开挖、土方回填、降水、锚杆、灌注桩、卷材防水层、钢筋、模板、混凝土等。

2. 决策

决策阶段细分为分项目建议书、可行性研究(简称可研)2 个阶段,又称前期工作阶段,对应投资估算(项目为单位)用投资估算指标。项目建议书:业主单位向国家要求建设某项目的文件,阐述项目建设的必要性和大方面的可能性,需要报批。可研:涉及市场、技术、经济三方面,要多方案比较,国家计委《关于报批项目设计任务书统称为报批可行性研究报告的通知》(计投资[1991]1969 号),规定可研内容(工期、厂址、资金、工艺、规模、效益、条件、环保、规划、防震、防洪等)、审批权限(总投资 2 亿元以上项目国家计委审查、国务院审批,各部门审批小型和限额以下项目,地方投资 2 亿元以下项目地方计委审批)。

3. 设计

设计工作由设计院完成。设计工作阶段划分在不同文件中是不同的,分别为初步设计、技术设计、施工图设计三阶段,或方案设计、初步设计和施工图设计三阶段。

1983 年 10 月 4 日,国家计委印发《基本建设设计工作管理暂行办法》第十三条:建设项目一般按初步设计、施工图设计两个阶段进行;技术上复杂的建设项目,根据主管部门的要求,可按初步设计、技术设计和施工图设计三个阶段进行。小型建设项目中技术简单的,经主管部门同意,在简化的初步设计确定后,就可做施工图设计。

初步设计文件,应根据批准的可行性研究报告、设计任务书和可靠的设计基础资料进行编制。经批准后的初步设计和总概算,是确定建设项目投资额,编制固定资产投资计划,签订建设工程总承包合同、贷款总合同,实行投资包干,控制建设工程拨款,组织主要设备订货,进行施工准备以及编制技术设计文件(或施工图设计文件)等的依据。

技术设计文件,应根据批准的初步设计文件进行编制。经批准后技术设计和修正总概算,是建设工程拨款和编制施工图设计文件等的依据。

施工图设计文件,应根据批准的初步设计文件(或技术设计文件)和主要设备订货情况进行编制,并据以指导施工。施工图预算经审定后,即作为预算包干、工程结算等的依据。

初步设计、技术设计、施工图设计,分别对应设计概算、扩大初步设计概算、施工图预算,分别用概算指标(建筑物为单位)、概算定额(扩大分部分项工程为单位)、预算定额(分部分项工程为单位)。

《建筑工程设计文件编制深度规定》(1992年版)第1.0.4条:项目决策后,建筑工程设计一般分为初步设计和施工图设计两阶段。大型和重要的民用建筑工程,在初步设计之前,应进行设计方案优选;小型和技术要求简单的民用建筑工程,可以方案设计代替初步设计。《建筑工程设计文件编制深度规定》(2003年版),与1992年版相比主要变化如下:(1)增加了对方案设计的深度要求;(2)根据工程建设项目在审批、施工等方面对设计文件深度要求的变化,对原规定中大部分条文作了修改,使之更加适用于目前的工程项目设计,尤其是民用建筑工程项目设计;(3)将原规定中"电气""弱电"两个专业合为"建筑电气"一个专业。

该规定(2008年版)第1.0.3条规定:民用建筑工程一般应分为方案设计、初步设计和施工图设计三个阶段;对于技术要求简单的民用建筑工程,经有关主管部门同意,并且合同中有不做初步设计的约定,可在方案设计审批后直接进入施工图设计。

建筑方案设计是依据设计任务书而编制的文件。它由设计说明书、设计图纸、投资估算、透视图四部分组成。一些大型或重要的建筑,根据工程的需要可加做建筑模型。建筑方案设计一般应包括总平面、建筑、结构、给水排水、电气、采暖通风及空调、动力和投资估算等专业,除总平面和建筑专业应绘制图纸外,其他专业以设计说明简述设计内容,但当仅以设计说明难以表达设计意图时,可以用设计简图进行表示。建筑方案设计可以由业主直接委托有资质的设计单位进行设计,也可以采取竞选的方式进行设计。方案设计竞选可以采用公开竞选和邀请竞选两种方式。建筑方案设计竞选应按有关管理办法执行。

设计任务书是业主对工程项目设计提出的要求,是工程设计的主要依据。进行可行性研究的工程项目,可以用批准的可行性研究报告代替设计任务书。设计任务书一般应包括以下几方面内容:(1)设计项目名称、建设地点;(2)批准设计项目的文号、协议书文号及其有关内容;(3)设计项目的用地情况,包括建设用地范围地形、场地内原有建筑物、构筑物、要求保留的树木及文物古迹的拆除和保留情况等,还应说明场地周围道路及建筑等环境情况;(4)工程所在地区的气象、地理条件、建设场地的工程地质条件;(5)水、电、气、燃料等能源供应情况,公用设施和交通运输条件;(6)用地、环保、卫生、消防、人防、抗震等要求和依据资料;(7)材料供应及施工条件情况;(8)工程设计的规模和项目组成;(9)项目的使用要求或生产工艺要求;(10)项目的设计标准及总投资;(11)建筑造型及建筑室内外装修方面要求。

《建筑工程设计文件编制深度规定》(2008年版)第1.0.4条:关于设计三个阶段划分与2003年版文件相同。

该规定(2008年版)第1.0.5条:各阶段设计文件编制深度应按以下原则进行(具体应执行第2、3、4章条款):(1)方案设计文件,应满足编制初步设计文件的需要(注:对于投标方案,设计文件深度应满足标书要求;若标书无明确要求,设计文件深度可参照本规定的有关条款)。(2)初步设计文件,应满足编制施工图设计文件的需要。(3)施工图设计文件,应满足设备材料采购、非标准设备制作和施工的需要。对于将项目分别发包给几个设计单位或实施设计分包的情况,设计文件相互关联处的深度应当满足各承包或分包单位设计的需要。

《建筑工程设计文件编制深度规定》2016 版关于设计阶段划分与该规定 2008 版相同。

4. 准备

这里的准备指建设准备，包括选择施工单位、审批开工报告或施工许可证。施工许可证标志着建设行政主管部门允许工程开工；监理单位在施工许可证之外还对施工单位审查施工组织设计等条件准备情况，满足条件才允许施工单位开工。

建筑工程施工许可证，主要由《建筑工程施工许可管理办法》(2014 年版)规范，具体事务办理由地方建设行政主管部门细化。某地施工许可证办理程序如下：由建设单位到工程所在地建设局办理，属于行政许可事项，法定办理时限：15 天，无收费。受理条件包括：(1)已办理建筑工程用地批准手续；(2)在城市规划区内的建筑工程，已取得建设工程规划许可证；(3)施工场地已基本具备施工条件，需要拆迁的，其拆迁进度符合施工要求；(4)已确定施工企业；(5)有满足施工需要的施工图纸及技术资料，施工图设计文件已按规定进行了审查；(6)有保证工程质量和安全的具体措施；(7)按照规定已委托监理的工程已委托监理；(8)建设资金已落实；(9)法律法规规定的其他条件。办理建筑工程施工许可证所需材料明细有：(1)建筑工程用地批准手续；(2)建设工程规划许可证；(3)业主资金证明；(4)施工图审查批准书；(5)中标通知书或直接发包登记表；(6)质量监督手续；(7)施工合同、监理合同；(8)安全审查表；(9)项目报建表；(10)施工许可证申请表；(11)商品房所需提供费用凭证；(12)法律法规规定的其他材料；(13)墙改费及散装水泥费凭证；(14)民工工资保障金凭证。

5. 实施

实施指建设实施，包括生产准备，如管理人员和工人组织、培训，订货等。

6. 竣工验收

按照《房屋建筑工程和市政基础设施工程竣工验收备案管理暂行办法》(2013 年发布施行)，竣工验收的工作包括：施工单位提出项目经理和施工单位有关负责人签字的竣工报告，档案资料完整，签署质量保修书；监理单位提出总监和监理单位有关负责人签字的质量评估报告；勘查、设计单位提出勘查、设计负责人和勘查、设计单位有关负责人签字的质量检查报告；建设单位按合同付款；城乡规划行政主管部门提出认可文件；公安消防、环保部门提出认可文件或准许使用文件；建设行政主管部门及其委托的工程质量监督机构等责令整改的问题全部整改完毕。建设单位自竣工验收合格之日起 15 日内向工程所在地的县级以上地方人民政府建设行政主管部门备案。建设单位组织各方面竣工验收，形成验收报告。

7. 施工程序

承接施工任务、签订施工合同→做好施工准备、提出开工报告→组织施工→竣工验收。工程实践中，还有保修回访。

按照《中华人民共和国招标投标法》(2000 年施行，2017 年修正)，招标方式分公开招标(无限竞争性招标)、邀请招标(有限竞争性招标)。《建筑工程设计招标投标管理办法》(2003

年施行,2017年修正)要求,符合《工程建设项目招标范围和规模标准规定》的范围和标准的工程建设项目必须招标选择施工单位。

《建设工程施工许可管理办法》(住房和城乡建设部令2014年发布)规定建设工程开工实行施工许可证制度,要求图纸、拆迁、施工单位、资源等条件。《中华人民共和国建筑法》(2019年修正)要求建设单位开工前向建设行政主管部门申领施工许可证。《建设工程监理规范》(GB/T 50319—2013)中第5.2.8条规定:总监和建设单位批准开工的条件包括已批准施工许可证、施工组织设计被总监批准等。

1.3 施工组织设计的主要内容、作用和分类

1. 施工组织设计的主要内容

施工组织设计主要包括工程概况、施工方案、施工进度计划、施工平面图、技术经济指标,还可以有资源需求计划、施工准备工作计划等。

工程概况是对建设工程的总体把握,包括工程相关单位、建设地点特点、建筑设计特点、结构设计特点、施工特点等。施工方案是分项工程顺序和方法。施工进度计划是对工程由开工到竣工的所有工作的时间安排。施工平面图是对建设工程在可利用场地布置垂直运输机械、生产性临时设施、生活性临时设施、临时水电线路等。技术经济指标是用少量的指标反映建设项目施工的技术、经济水平。

2. 施工组织设计的作用

施工组织设计的性质是计划,是施工指导文件。

针对工程实践中存在的编而不用(仅用于归档而不用于指导施工)、标准设计(一项单位工程的施工组织设计由另一项单位工程的施工组织设计改变工程名称而来)、计划赶不上变化所以不计划、经验主义(认为施工组织设计的内容都存于某几个现场组织者头脑中)、编而不变(施工组织设计在开始施工前编制,至竣工归档时没有变化)等错误现象,除从施工组织设计的设计内容可以明显发现该项工作的作用外,施工组织设计还至少有以下作用。

1) 投标、签合同

根据中华人民共和国住房和城乡建设部、国家工商行政管理总局《建设工程施工合同(示范文本)》(GF—2017—0201)中"第一部分 合同协议书"关于合同文件构成的规定,协议书与下列文件一起构成合同文件:(1)中标通知书(如果有);(2)投标函及其附录(如果有);(3)专用合同条款及其附件;(4)通用合同条款;(5)技术标准和要求;(6)图纸;(7)已标价工程量清单或预算书;(8)其他合同文件。在合同订立及履行过程中形成的与合同有关的文件均构成合同文件组成部分。上述各项合同文件包括合同当事人就该项合同文件所作出的补充和修改,属于同一类内容的文件,应以最新签署的为准。

投标函是指构成合同的由承包人填写并签署的用于投标的称为"投标函"的文件。投标函附录是指构成合同的附在投标函后的称为"投标函附录"的文件。投标函及其他与其一起提交的文件构成投标书。

投标书是指投标单位按照招标书的条件和要求,向招标单位提交的报价并填具标单的

文书。它是投标单位在充分领会招标文件、进行现场实地考察和调查的基础上所编制的投标文书,是对招标公告提出的要求的响应和承诺,同时提出具体的标价及有关事项来竞争中标。投标书主要内容:(1)在研究了上述工程的施工合同条件、规范、图纸、工程量清单以及附件第____号以后,我们,即文末签名人,兹报价以____(____),或根据上述条件可能确定的其他金额,按合同条件、规范、图纸、工程量清单及附件要求,实施并完成上述工程并修补其任何缺陷;(2)我们承认投标书附录为我们投标书的组成部分;(3)如果我们中标,我们保证在接到监理工程师开工通知后尽可能快地开工并在投标书附录(表1-1)中规定的时间内完成合同规定的全部工程;(4)我们同意从确定的接收投标之日起____天内遵守本投标书,在此期限期满之前的任何时间,本投标书一直对我们具约束力,并可随时被接受;(5)在制定和执行一份压式的合同协议书之前,本投标书连同你方书面的中标通知,应构成我们双方之间有约束力的合同;(6)我们理解你们并不一定非得接受最低标或你方可能收到的任何投标书的约束。

表1-1 投标书附录

序号	项 目	内 容
1	工期	
2	延误工期赔偿费金额	
3	延误工期赔偿费限额	
4	赶工措施费	
5	提前竣工奖	
6	自报质量等级	
7	达到自报质量等级(优良工程奖)的质量经济奖	
8	达不到自报质量等级的质量罚金	
9	实行工程担保的工程担保费用	

注:1. 附录中的费用不进入投标总报价,中标后在施工合同中按投标书附录约定;
2. 工程担保的费用不得超过招标文件的约定。

投标文件是建筑公司在通过了工程项目的资格预审以后,对自己在项目中准备投入的人力、物力、财力等方面的情况进行描述,还有对项目的施工、工程量清单、工程造价、工程的保证条例进行说明的文件,然后发包方会通过建筑工程的招标文件对项目承包对象进行选择。根据《标准施工招标文件(2007年版)》"第二章 投标人须知"中第3.1条,投标文件应包括下列内容:(1)投标函及投标函附录;(2)法定代表人身份证明或附有法定代表人身份证明的授权委托书;(3)联合体协议书;(4)投标保证金;(5)已标价工程量清单;(6)施工组织设计;(7)项目管理机构;(8)拟分包项目情况表;(9)资格审查资料;(10)投标人须知前附表规定的其他材料。

2)施工准备

3)明确重点、关键点

施工组织设计站在开工前的全局,所明确的重点、关键点才是比较准确的重点、关键点。

4)可提前设计、优化管理措施

这正和风险防范的"预案"精神相同。

5）建设单位和施工企业使用

建设单位对施工单位质量、成本、进度等的过程控制，以施工组织设计为依据。施工企业以施工组织设计为依据统筹全企业众多单位工程的生产工作。

6）可协调各单位、部门、阶段、过程间的关系

以施工组织设计为主线和参照，各单位、部门、阶段、过程便于协调关系。

7）可记录和提升管理水平

施工组织设计是以技术人员为主，通过走群众路线而集群众智慧（包括能工巧匠、经验丰富人员）形成的文件，反映一项工程的施工管理水平，不因个别有经验人员的流失而不存在；当两项工程进行比较时可以发现不同管理者、不同时期管理水平的高低。

3. 施工组织设计的分类

施工组织设计按编制时间分标前设计（投标前编制）、标后设计（中标后编制）。

标前设计、标后设计，在编制者、详细程度、主要目标等方面不同。标前设计由企业经营管理层编制，是规划性的，主要目标是中标；标后设计由项目管理层编制，是指导性的，主要目标是指导项目施工。

施工组织设计按编制对象分施工组织总设计（对群体工程）、单位工程施工组织设计、分部分项工程施工组织设计。

1.4　土木工程产品及施工的特点

1. 土木工程产品的特点

土木工程产品的特点为：庞大、固定、多样性、综合性。

土木工程产品（包括房屋、道路、桥梁等）比电视机、试卷等产品体形庞大；与电视机在生产线流动、试卷阅卷人笔下流动等相比是固定不动的；在功能、造型、生产条件等方面各有各的特点，呈现出多样性；生产需要多专业、多工种、多社会部门的协作配合，呈现出综合性。

2. 土木工程施工的特点

土木工程施工的特点为：周期长、流动性、单件性、地区差异、露天作业多、高空生产、复杂性。

土木工程产品的生产周期较长，像一栋多层住宅楼一般至少需要一年，像三峡工程（三峡工程建筑由大坝、水电站厂房和通航建筑物三大部分组成，最终投资总额约2000亿）分三期，总工期16年（1994—2009年）；生产者流动经过产品完成自己的加工，而且流动还反映在一个地区的不同地点和不同地区；单件性由产品的多样性决定，不可能是重复性生产；生产在不同的地区有不同的自然条件、技术经济条件，方法（包括机械）也有差异；尽管注意采用工厂化生产的做法（如门窗在工厂制造、构件在工厂预制等），但土木工程生产露天作业多，不像在厂房生产电子产品；土木工程生产（如房屋、桥梁等），往往在高空生产，垂直运输、防止高空坠落等成为一般要求；因为产品的多样性、综合性，实施中易于受到干扰，使得土木工程施工不能程序化、不能重复，具有一定复杂性。

　　上述这些特点,决定了土木工程施工的问题、方法特点,决定了工作人员工作的技术、经济特点。

习题

1. 试述施工组织的研究对象及其与施工技术的关系。
2. 试述施工组织设计与项目管理规划的关系。
3. 施工组织发生在基本建设程序的哪些阶段?
4. 施工组织设计的主要内容、作用各有哪些? 如何分类?
5. 土木工程产品及其施工的特点各有哪些? 借这些特点谈谈土木工程专业就业的特点。

参考文献

[1] 全国一级建造师执业资格考试用书编写委员会.建筑工程项目管理[M].北京:中国建筑工业出版社,2020.
[2] 中国建筑科学研究院.建筑工程施工质量验收统一标准:GB 50300—2013[S].北京:中国建筑工业出版社,2014.
[3] 中国建筑业协会.建设工程项目管理规范:GB/T 50326—2017[S].北京:中国建筑工业出版社,2017.
[4] 中国建筑技术集团有限公司.建筑施工组织设计规范:GB/T 50502—2009[S].北京:中国建筑工业出版社,2009.
[5] 张厚先,阎西康.土木工程施工组织[M].北京:化学工业出版社,2010.
[6] 住房城乡建设部,国家工商行政管理总局.建设工程施工合同(示范文本):GF—2017—0201[S].北京:中国建筑工业出版社,2017.

第2章

流水施工方法

流水施工方法是一种组织方法,也是一种组织方式、一种组织原理或一种模型,可以简称为流水施工或流水。

流水施工是施工领域的流水作业,而流水作业的组织方法在其他生产生活中早已得到广泛应用。流水作业方式起源于 1769 年的英国,英国人乔赛亚·韦奇伍德开办埃特鲁利亚陶瓷工厂,在工厂内实行精细的劳动分工,他把原来由一个人从头到尾完成的制陶工作分成几十道专门工序(练泥、拉坯、印坯、修坯、晒坯、刻花、施釉、烧窑、彩绘等),每道工序分别由专人完成。

从前在英格兰北部的一个小镇里,有一个名叫艾薇的人开店,卖油炸鳕鱼、油煎土豆片、豌豆糊、茶,每个顾客等着盘子装满后坐下来进餐,在集市日中午,长长的队伍都会排出商店。后来他们想出了一个聪明的办法,把柜台加长,艾薇、伯特、狄俄尼索斯和玛丽站成一排,顾客进来的时候,艾薇先给他们一个盛着鱼的盘子,然后伯特给加上油煎土豆片,狄俄尼索斯再给盛上豌豆糊,最后玛丽倒茶并收钱,这样一来队伍变短了。虽然每个顾客等待服务的总时间没变,但是却有 4 个顾客能同时接受服务,这样在集市日的午餐时段里能够照顾过来的顾客数增加了 3 倍,我们不妨称这种卖货方式为流水卖货。设一道工序(共 4 道)用时 1min(或者等比例缩短的时间,以下相同),非流水卖货一个顾客在排队处用时>1min,假设为 2min,则队伍加长 2min 的来人数。而流水卖货一个顾客在排队处用时 1min,则队伍加长 1min 的来人数。因此,流水卖货队伍变短,而且,4 道工序用时比 1min 长得越多,则队伍长度差越大。

建筑业因产品固定,生产方式与一般工业生产不同,直到 20 世纪 30 年代才开始研究使用流水作业,"一五"期间(1953—1957)我国开始在施工组织中推行流水施工的组织方法。1987 年从北京中国国际贸易中心施工开始,在一系列大型建筑工程中应用了一种叫"小流水施工法"的流水施工组织方法。所谓"小流水施工法",是小节拍均衡流水施工法的简称,是将施工对象划分成小施工段,使流水节拍、流水步距都尽量小(1d 或接近 1d)的一种施工组织方法。

2.1 流水施工的概念和效果

2.1.1 流水施工不同于其他生产活动中的流水作业

其他生产活动中的流水作业,是小型产品流动经过各加工站点做加工,如电视机流水线生产、流水阅卷。这些生产活动组织的特点是产品流动、多件、单层。流水施工是加工者流动经过建筑产品做加工,产品不流动、单件、多层(房屋建筑多层,路等线性工程不存在多层)。

2.1.2 流水施工不同于依次施工、平行施工

流水施工和依次施工、平行施工,都是施工组织的方式。

流水施工可以描述为:施工对象分成几部分工作面,前一班组完成某部分工作面的工作后进入下一部分工作面,后一班组进入本部分工作面,以此类推;依次施工可以描述为:各班组依次占用全部工作面(一般为一个工种多组人充分占用,也有一组人不能充分占用全部工作面,或人数居中);平行施工可以描述为:施工对象分成几部分工作面,各部分工作面上分别对应一套班组(即承担所有工种工程的配套班组)施工,一般不好再分段流水,部分工作面内一般采用依次施工方式。

流水施工要求最大限度搭接、连续。所谓"最大限度搭接"是前一班组在某一部分工作面(记 A)上完成施工任务后转移到下一部分工作面(记 B),此时距后一班组进入部分工作面 A 的时间间隔尽可能小,其约束条件主要是工艺制约关系(即工艺过程有先后)。所谓"连续"是班组连续地完成各部分工作面上的工作,即某一时间段内班组每天干一样的工作。

【例 2-1】 一幢 4 单元砖混结构的两层主体工程施工,主要施工工艺过程为砌墙→支梁、板、构造柱模板→扎梁、板筋→浇梁、板、构造柱混凝土(扎构造柱筋与砌墙穿插),分 4 部分工作面(称为施工段),假设前 3 个过程在 1 个施工段用时分别为 2d、2d、2d,混凝土在 1 个施工段用时 4h 并在夜班完成。3 种组织方式如图 2-1 所示。在图 2-1 中除"1 组人"和"4 组人"两种依次施工之外还有其他人数的情况。

2.1.3 流水施工是搭接施工的特例

搭接施工也是施工组织的一种方式,可以描述为:某一部分工作面上前一班组完成其任务后撤出该工作面,后一班组即可进到该工作面上工作,如图 2-1 所示。这种组织方式下,班组工作最大限度搭接,而有些班组的工作不一定连续,如图 2-1 中梁、板、构柱混凝土不连续(层内和多层都不连续)。

搭接施工主要指全工作面上的施工表现;流水施工的"平行搭接时间"反映在施工段上(详见 2.2 节)。

2.1.4 流水施工的效果

流水施工的效果主要包括技术和经济两方面,体现在它与其他相近方法的比较,如表 2-1 所示。

流水施工的多层连续造就了专业化施工,从而产生高质量、高效率;加之资源需求均衡,降低了成本(比其他组织方式降低成本的统计结果为 6%～12%)。在"某时刻资源种类"和"某时刻某资源数量"方面,流水施工的特点可归结为"资源需求均衡"。但在"工期"方面,流水施工的特点或效果并不是最好的。而"工作面闲置时间"方面,流水施工的特点或效果是相近组织方法中适中的。

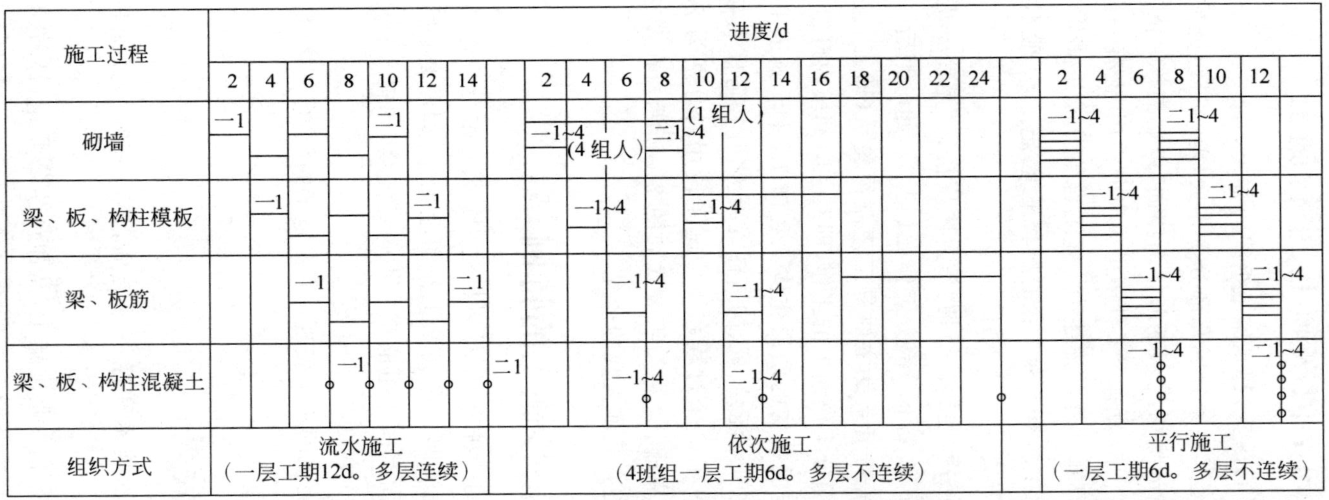

施工过程
进度/d
2 4 6 8 10 12 14
2 4 6 8 10 12 14 16 18 20 22 24
2 4 6 8 10 12
砌墙
梁、板、构柱模板
梁、板筋
梁、板、构柱混凝土
一1
二1
一1~4
二1~4
(4 组人)
(1 组人)
组织方式
流水施工
（一层工期12d。多层连续）
依次施工
（4班组一层工期6d。多层不连续）
平行施工
（一层工期6d。多层不连续）

说明：图中o表示夜班,一1表示一层1段、一1~4表示一层1~4段并以此类推和省略一些段号标注，流水施工二层2~4省略未画，扎构造柱钢筋穿插在砌墙前后。流水施工多层连续不包括梁、板、构柱混凝土。

图 2-1　一幢 4 单元砖混结构两层主体工程的 3 种组织方式

表 2-1　流水施工的效果

组织方式	某时刻资源种类	某时刻某资源数量	工作面闲置时间	工　期	多层连续性
依次施工	少	大(一般)/小(理论)*	短(一般)/长(理论)	短(一般)/长(理论)	无
平行施工	少	大	短	短	无
流水施工	多	小	适中	长	有
搭接施工	多	小	适中	长	特例有

＊：(一般)、(理论)指一般为多人充分占用,理论上也有人少不能充分占用全部工作面;尚有其他班组人数情况。

2.2　流水施工参数确定方法

流水施工方法作为一种模型,正如数学模型一样需要参数来描述,这些参数即流水施工参数(简称流水参数),主要有以下几组。

2.2.1　施工过程及施工过程数 n

施工过程是选择的工艺过程或其组合,在本章可以简称为过程。工程由工艺过程完成,但作为参数的施工过程数不能太多——当然一种组织方法考虑的施工过程越多越好。这是作为参数的施工过程与工艺过程的区别。

选定施工过程可以按照以下原则:(1)选主导工艺过程[占用资源量大,包括人数多、工作面大(空间)、用时多(时间)];(2)非主导工艺过程见缝插针(如砖混结构的绑扎构造柱筋与砌墙共处同一工作面),或作为间歇(另一流水施工参数);(3)经验选法(如图 2-1、图 2-14、图 2-15、图 2-16、图 2-20 所示)。

施工过程数一般用 n 表示。

2.2.2　施工段及施工段数 m

施工段指将施工对象划分成的若干个工作面,在本章可以简称为段。一般一个施工段仅供一个施工过程占用,但也允许"见缝插针"(如 2.2.1 节所述)或先后施工过程搭接共用一个施工段(见参数"平行搭接时间")。

划分施工段有以下 4 个要求:

(1) 段的界线尽量与结构或装饰界线一致;不一致时,界线对结构或装饰影响小。结构界线如温度缝、沉降缝。

对结构影响小的界线,相当于施工缝位置,砖墙断在门窗洞口且留踏步槎(高:长 = 3:2);混凝土结构在剪力较小且便于施工的位置:剪力墙断在门窗洞口或纵横墙交接处;有主次梁的板,断在次梁跨中 1/3 范围;无主次梁的板,单向板断在平行于短边,双向板断在计算剪力较小处;楼梯踏步段的跨中 1/3。对装饰影响小的界线如装饰阴角、分格缝。

施工缝对于构件抗剪能力的影响比对于抗弯能力的影响大。板式楼梯踏步段结构计算模型为两端固定单跨梁,在均布荷载作用下跨中剪力等于 0。

按照《混凝土结构设计规范》(GB 50010—2010)中第 6.2.10 条的规定,矩形截面受弯构件正截面承载力如图 2-2 所示,按式(2-1)、式(2-2)(未计预应力筋)计算:

$$M \leqslant \alpha_1 f_c bx \left(h_0 - \frac{x}{2}\right) + f'_y A'_s (h_0 - a'_s) \tag{2-1}$$

$$\alpha_1 f_c bx = f_y A_s - f'_y A'_s \tag{2-2}$$

式中，M 为弯矩设计值；α_1 为当混凝土强度等级不超过 C50 时 $\alpha_1 = 1$，受弯构件、偏心受力构件正截面受压区混凝土应力图等效矩形应力图的应力值 $= \alpha_1 f_c$；f_c 为混凝土轴心抗压强度设计值；x 为受弯构件、偏心受力构件正截面受压区混凝土应力图等效矩形应力图的受压区高度；A_s、A'_s 分别为受拉区、受压区纵向普通钢筋的截面面积；f_y、f'_y 分别为普通钢筋抗拉强度设计值、抗压强度设计值；b 为矩形截面宽度；h_0 为构件截面有效高度，指纵向受拉钢筋合力点至截面受压边缘的距离；a'_s 为受压区纵向普通钢筋合力点到截面受压边缘的距离。

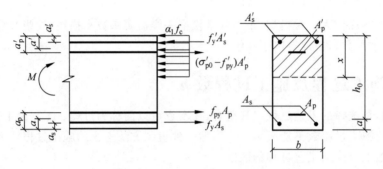

图 2-2　矩形截面受弯构件正截面受弯承载力计算简图

注：a'_p——预应力筋合力点至截面受压边缘的距离；a'——受压区全部纵向钢筋合力点至截面受压边缘的距离；σ'_{p0}——受压区纵向预应力筋合力点处混凝土法向应力等于零时的预应力筋应力；f'_{py}——预应力筋抗压强度设计值；A'_p——受压区纵向预应力筋截面积；a_p——预应力筋合力点至截面受拉边缘的距离；a——受拉区纵向普通钢筋合力点至截面受拉边缘的距离；a_s——受拉区纵向普通钢筋合力点至截面受拉边缘的距离；f_{py}——预应力筋抗拉强度设计值；A_p——受拉区预应力筋截面积。

按照《混凝土结构设计规范》(GB 50010—2010)中第 6.3.4 条、第 6.3.5 条的规定，矩形钢筋混凝土受弯构件斜截面抗剪承载力按式(2-3)进行计算(未计预应力筋，如图 2-3 所示)：

$$V_u = V_c + V_{sv} + V_{sb} \tag{2-3}$$

式中，V_c 为斜裂缝末端剪压区混凝土的抗剪能力，$V_c = 0.7 f_t bh_0$(对一般受弯构件，而非受集中荷载的独立梁)；f_t 为混凝土轴心抗拉强度设计值；b 为矩形截面宽度；h_0 为构件截

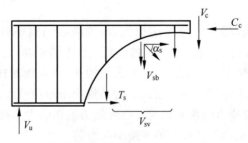

图 2-3　斜裂缝脱离体受力示意

T_s——纵筋拉力；C_c——斜裂缝末端剪压区混凝土的压力；α_s——弯筋与水平面夹角

面有效高度,指纵向受拉钢筋合力点至截面受压边缘的距离;V_{sv} 为穿过斜裂缝的箍筋的抗剪能力,$V_{sv}=f_{yv}A_{sv}/sh_0$;f_{yv} 为箍筋抗拉强度设计值;A_{sv} 为同一截面内箍筋截面积;s 为箍筋间距;V_{sb} 为穿过斜裂缝的弯筋的抗剪能力。

混凝土梁截面抗剪能力计算举例:梁截面尺寸为 200mm×500mm,C30,两肢箍筋 HPB235、$\phi 8@200$。斜裂缝上端剪压区混凝土抗剪能力:$V_c=0.7f_t bh_0=0.7×1.43×200×465=93\,093\text{N}$;穿过斜裂缝的箍筋抗剪能力:$V_{sv}=f_{yv}\dfrac{A_{sv}}{s}h_0=210×\dfrac{2×50.3}{200}×465=49\,118\text{N}$;$V_c/V_{sv}=1.9$。由此可见:对没配弯筋情况(目前工程多见此情况),受压区混凝土抗剪能力占钢筋混凝土受弯构件斜截面抗剪承载力的比例很大。

施工缝的留置、处理,难免削弱受压区混凝土承载力,这种削弱对混凝土抗压能力影响不大——因为受压区施工缝处薄弱混凝土失效后缝侧混凝土仍可抗压,对截面抗弯影响不大;但抗剪则没有这种机制,所以这种削弱对抗剪影响很大。

因此,施工规范规定混凝土结构施工缝应留在剪力较小且便于施工的位置,符合上述分析的结论。

(2) 各段劳动量大致相等(相差 15% 之内)。

满足此要求,则会形成班组在各段节拍大致相等的规律性,便于班组专业化工作。劳动量等于工程量除以产量定额(单位举例如 m³/工日)。因为规律性的组织中班组人数一般不变,又若同一班组在施工不同部位的不同构件时的施工定额(产量定额或时间定额)相差不大,则此要求等同于各段工程量大致相等。

为满足此要求,分段时还要兼顾到竖向结构、水平结构。如对于框架剪力墙结构,水平构件的工程量基本与纵向长度有关,竖向构件的工程量则与纵向长度关系不大。因为同样的纵向长度在剪力墙为主的区段竖向构件工程量大于以框架柱为主的区段竖向构件工程量。在这种情况下,段的划分就要在竖向结构、水平结构中间折中划分,达到竖向结构、水平结构工程量在各施工段都差不多。

(3) 工作面足够大而不过大。

工作面相对班组人数过小会影响安全或效率;工作面相对班组人数过大,在工作面本来不大又要划分的情况下往往不会出现,况且这样做时工期会长。

涉及本要求,有所谓最小工作面、最小劳动组合之说;最小劳动组合指班组实现工作配合的最少人数,如砌筑工程需要由技工、壮工组合完成。按河北省 1984 年施工定额,砌筑工程工作内容包括砌砖、调砂浆、运输,瓦工组有技工 10 人、壮工 12 人。当然,楼层组织流水施工、计算班组人数时,可以不考虑调砂浆、运输——这些工作在流水施工组织之外兼顾其他工种工程需要统一考虑。又如楼层抹灰需要技工、壮工组合,壮工负责用勺挖灰等辅助性工作;否则由技工自己完成辅助性工作,会造成抹灰间断、"大材小用"。

(4) 多施工层施工有最少段数。

施工层指楼层及施工中分出的层(如砌厂房围护墙,每 1.2～1.4m 为一个施工层)。

最少段数,如对全等节拍流水施工,$m\geqslant n+\dfrac{\max Z_1}{K}+\dfrac{\max Z_2}{K}-\dfrac{\min C}{K}$($Z_1$ 为层内间歇时间之和;Z_2 为层间间歇时间之和;K 为流水步距;C 为层内平行搭接时间之和。$\max Z_1$ 为对各层内 Z_1 取大,$\max Z_2$ 为对各层间 Z_2 取大,$\min C$ 为对各层内 C 取小)。

这一要求的合理性分析详见后续段落。

2.2.3　流水节拍 $t_{i,j}$

流水节拍是一个施工过程(或班组,用 i 表示)在一个施工段(用 j 表示)上的作业时间,用 $t_{i,j}$ 表示。用 t_i 表示 i 过程(或班组)在各段相同的流水节拍,用 t_j 表示各过程(或班组)在各段相同的流水节拍。在这一定义下,施工段 j 工程量、生产效率(产量定额或时间定额)可知,则不难由下式求出 i 过程(或班组)流水节拍:

$$t_{i,j} = \frac{工程量}{产量定额 \times 人数或台数 \times 班数}(日) \tag{2-4}$$

式中,产量定额为每工日或台班的产量;产量定额的倒数=时间定额。

工日=1人×1日,台班=1台×1班;"日""班"为8h。现阶段工人每天工作时间一般可达到10～12h。流水施工时应按实际工作时间计算工作天数。如工人每天工作10h,则10工日可以等于2人×5日=2人×40h=2人×4d。

2.2.4　流水步距 K_i

流水步距是为满足工作连续性,相邻班组(i、j)投入工作的时间间隔,用 $K_{i,j}$ 表示。用 K 表示各相邻班组共同的流水步距。"相邻班组投入工作的时间间隔"尚有其他间隔,如间歇。"相邻班组投入工作的时间间隔"不能指相邻施工过程,也不能指进入同一施工段,如后面讲到的成倍节拍流水。

流水步距数=班组数-1。

2.2.5　间歇时间 Z_{ij} 及层内间歇时间之和 Z_1、层间间歇时间之和 Z_2

间歇时间指相邻施工过程(i、j)出、入同一施工段的最短时间间隔,用 Z_{ij} 表示。这里的"施工过程"不能指班组。如后面讲到的成倍节拍流水。间歇时间分技术间歇、组织间歇,技术间歇如混凝土养护时间、油漆干燥时间、墙面抹灰层间干燥时间;组织间歇如弹线时间、验收时间。

层内间歇时间之和指一层内各施工过程间间歇时间的和。层间间歇时间之和指某一施工段下一层最后一个施工过程结束到上一层第一个施工过程开始之间的间隔时间之和。

流水步距保证工作连续,间歇时间保证工作面的搁置,二者描述的是不同方面;但二者可能有包含关系,亦即在满足其中一个方面的要求时,另一方面自然得到满足或满足了一部分要求。在本章以后的算例可以看到:在某种横道图画法下,层间间歇自然得到满足。

2.2.6　平行搭接时间 C_{ij} 及层内平行搭接时间之和 C

平行搭接时间指相邻施工过程(i、j)搭接共用一个施工段的最长时间,用 C_{ij} 表示。层内平行搭接时间之和指一层内各施工过程间平行搭接时间的和,用 C 表示。

施工过程往往有这样的规律：刚开始和临近结束时占用工作面不多，这就为后一施工过程在前一过程临近结束时进入本施工段提供了条件。流水施工的基本思路是划分施工段后，让不同的施工过程或班组在某一时间占用不同的施工段，以避免互相干扰。但当允许出现平行搭接时间时，流水施工原理的适用范围就变得更广。

2.3　流水施工方法的分类

组入流水的所有过程（施工过程简称；以下施工段简称为段）：

每一过程在各段节拍相等，有节奏流水施工 $\begin{cases}$ 节拍彼此相等，全等节拍流水施工（或固定节拍流水施工）\\ 节拍彼此不相等，成倍节拍流水施工 $\end{cases}$

不是每一过程在各段节拍相等，无节奏流水施工（或非节奏流水施工、分别流水施工）

2.4　全等节拍流水施工组织方法

2.4.1　全等节拍流水施工组织步骤

第一步，判断流水类别。

第二步，求参数，各相邻班组相同的流水步距 $K=t$（各过程在各段相同的流水节拍），对多施工层 $m \geqslant n + \dfrac{\max Z_1}{K} + \dfrac{\max Z_2}{K} - \dfrac{\min C}{K}$（$\max Z_1$ 为对各层内 Z_1 取大，$\max Z_2$ 为对各层间 Z_2 取大，$\min C$ 为对各层内 C 取小），一般取最小整数（例如，照顾结构界线时例外）。

第三步，画横道图。

横道图工期可以用工期公式检验：

$$T = (mr + n - 1)K + Z_1^1 - C^1 \tag{2-5}$$

式中，m、n、K 如前述；r 为施工层数；Z_1^1 为第一层内的层内间歇时间之和；C^1 为第一层内的平行搭接时间之和。

2.4.2　全等节拍流水施工组织举例

【例2-2】　某工程有 3 个施工过程、2 个施工层，流水节拍 $t_1 = t_2 = t_3 = 2\mathrm{d}$，无间歇时间。试组织流水施工。

解：为全等节拍流水施工。

$K = 2\mathrm{d}$，$m \geqslant 3 + 0 + 0 = 3$，取 3。横道图如图 2-4 所示。

$T = (mr + n - 1)K + Z_1^1 - C^1 = (3 \times 2 + 3 - 1) \times 2 = 16$。

【例2-3】　某工程有 3 个施工过程、2 个施工层，流水节拍 $t_1 = t_2 = t_3 = 2\mathrm{d}$，一过程、二过程间间歇时间为 2d，层间间歇时间为 1d。试组织流水施工。

解：为全等节拍流水施工。

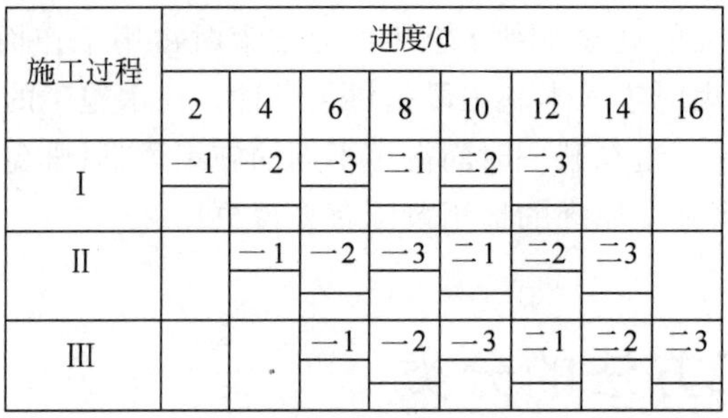

施工过程	进度/d							
	2	4	6	8	10	12	14	16
I	一1	一2	一3	二1	二2	二3		
II		一1	一2	一3	二1	二2	二3	
III			一1	一2	一3	二1	二2	二3

图 2-4　例 2-2 全等节拍流水施工横道图

$K=2\mathrm{d}, m \geqslant 3+2/2+1/2=4.5$，取 5。横道图如图 2-5 所示。

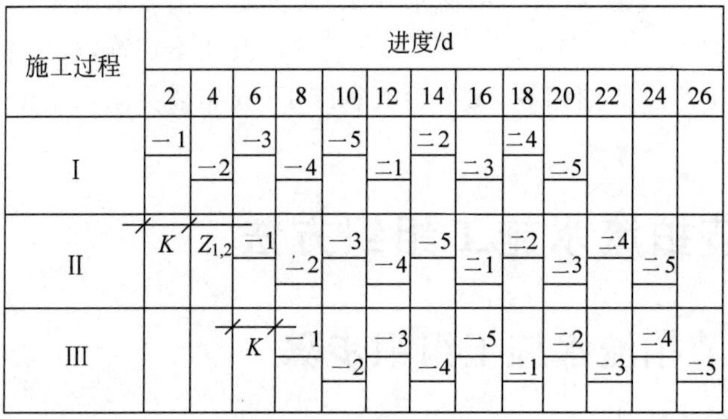

施工过程	进度/d												
	2	4	6	8	10	12	14	16	18	20	22	24	26
I	一1	一2	一3	一4	一5	二1	二2	二3	二4	二5			
II	K $Z_{1,2}$	一1	一2	一3	一4	一5	二1	二2	二3	二4	二5		
III		K 一1	一2	一3	一4	一5	二1	二2	二3	二4	二5		

图 2-5　例 2-3 全等节拍流水施工横道图

$$T = (mr+n-1)K + Z_1^1 - C^1 = (5 \times 2 + 3 - 1) \times 2 + 2 = 26。$$

2.4.3　全等节拍流水施工组织的几点分析

1. 画图规律

由 K、层内间歇时间决定班组开始工作时间，连续干完所有任务。

2. 多施工层施工有最少段数的反例

$m<\cdots$（最少段数公式省略，以下相同），连续则最大搭接不满足，后面的过程会超前；反之，最大搭接则连续不满足。例如，对例 2-2 若取 $m=2$，III "一1"、I "二1" 同处 "1" 段，如图 2-6 所示。

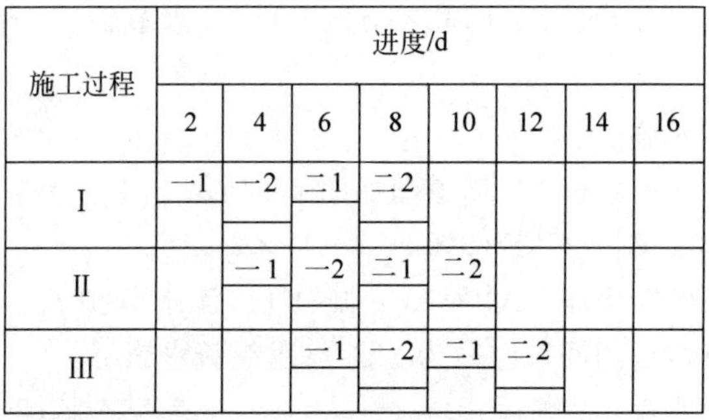

施工过程	进度/d							
	2	4	6	8	10	12	14	16
I	一1	一2	二1	二2				
II		一1	一2	二1	二2			
III			一1	一2	二1	二2		

图 2-6　多施工层施工有最少段数的反例（$m<\cdots$）

$m>\cdots$，后面的过程拖后。例如对例 2-2 若取 $m=4$，Ⅲ"一1"完成后 2d，Ⅰ进入"二1"，如图 2-7 所示。

施工过程	进度/d										
	2	4	6	8	10	12	14	16	18	20	22
Ⅰ	一1	一2	一3	一4	二1	二2	二3	二4			
Ⅱ		一1	一2	一3	一4	二1	二2	二3	二4		
Ⅲ			一1	一2	一3	一4	二1	二2	二3	二4	

图 2-7 多施工层施工有最少段数的反例($m>\cdots$)

$m=\cdots$，后面的过程既不超前，也不拖后，即最大搭接。

施工层数＝1，无此要求，但有流水施工特点：连续、最大搭接。

3. 多施工层施工有最少段数的证明

证明包括 3 个方面：

(1) Z_1、Z_2、C 在各层均相等情况。

第一过程进入第二层第一段的时刻为：mt（t 为全等节拍常数）。

最后过程完成第一层第一段的时刻为：$Z_1^1-C^1+(n-1)K+t$（Z_1^1 为第一层内的层内间歇时间之和；C^1 为第一层内的层内平行搭接时间之和；K 为流水步距，$K=t$）。

则第一过程进入第二层第一段与最后过程完成第一层第一段的时间间隔为 $mt-[Z_1^1-C^1+(n-1)K+t]$。

而第一过程进入第二层第一段与最后过程完成第一层第一段的时间间隔又可表示为 Z_2，所以，$mt-[Z_1^1-C^1+(n-1)K+t]\geqslant Z_2$。这里取"$\geqslant$"不会造成工序逻辑关系错误，只是施工段间歇时间过长；取"$<$"不可以，因为这样会造成工序逻辑关系错误。

即

$$m\geqslant n+\frac{Z_1^1}{K}+\frac{Z_2}{K}-\frac{C^1}{K}=n+\frac{Z_1}{K}+\frac{Z_2}{K}-\frac{C}{K}$$

(2) Z_1、Z_2、C 在各层不等情况。

Z_1 在各层内不等，即至少有两个过程在某一层内的间歇不同于该二过程在其余层内的间歇。而此类过程要连续又有各层用时相等，所以该二过程在第一层内与该二过程在其余层内的间歇相等，而且同取该二过程在各层上的间歇的最大值（因为这样取后，该二过程原间歇小的要求可以满足，只是实际间歇比原间歇加大；反之，取比上述最大值小的值，则会在该过程原间歇大的层内产生工序逻辑关系错误）。因此各层内的间歇时间之和统一取为 $\max Z_1$。

与上述相似的道理，各层间的间歇时间和统一取为 $\max Z_2$；各层上的层内平行搭接时间之和统一取为 $\min C$。

(3) 当 Z_1、Z_2、C 在各层不等情况，而统一取为 $\max Z_1$、$\max Z_2$、$\min C$ 时，再由"1)"即得所证。

4. 多施工层横道图排列形式

呈纵列(多施工层从上到下排列)、横列(多施工层从左到右排列,如图 2-3~图 2-6 所示)的区别在层间连续画法有繁简,对有间歇情况更是如此。

5. 组织流水中,同一例题当某些参数(如间歇)变化时段数变化,但节拍不变

如例 2-3 中 3 段变 4 段,段变小;班组人数成比例减少时,则小段上节拍不变;但工期不成比例。

6. T 公式说明

由横道图可以看出,T 由两部分组成,即 $T=[(n-1)K+Z_1^1-C^1]+mrt=(mr+n-1)K+Z_1^1-C^1$。

2.5 成倍节拍流水施工组织方法

2.5.1 成倍节拍流水施工组织步骤

第一步,判断流水类别。

第二步,$K=t_i$ 的最大公约数,过程班组数 $b_i=t_i/K$,对多层 $m \geqslant \sum b_i + \dfrac{\max Z_1}{K} + \dfrac{\max Z_2}{K} - \dfrac{\min C}{K}$($\max Z_1$ 为对各层内 Z_1 取大,$\max Z_2$ 为对各层间 Z_2 取大,$\min C$ 为对各层内 C 取小),一般取最小整数。

第三步,画横道图。

横道图工期可以用工期公式检验:

$$T=\left(mr+\sum b_i-1\right)K+Z_1^1-C^1 \tag{2-6}$$

式中符号同前。

2.5.2 成倍节拍流水施工组织举例

【例 2-4】 某预制构件工程有 3 个施工过程:扎筋、支模、浇混凝土;两层叠浇,流水节拍 $t_1=4\text{d}$,$t_2=2\text{d}$,$t_3=2\text{d}$,二、三过程间间歇时间为 2d,层间间歇时间为 2d。试组织流水施工。

解: 为成倍节拍流水施工。

$K=2\text{d}$,$b_1=t_1/K=2$,$b_2=t_2/K=1$,$b_3=t_3/K=1$,$m \geqslant 4+2/2+2/2=6$,取 6。横道图如图 2-8 所示。

$$T=\left(mr+\sum b_i-1\right)K+Z_1^1-C^1=(6 \times 2+4-1) \times 2+2=32。$$

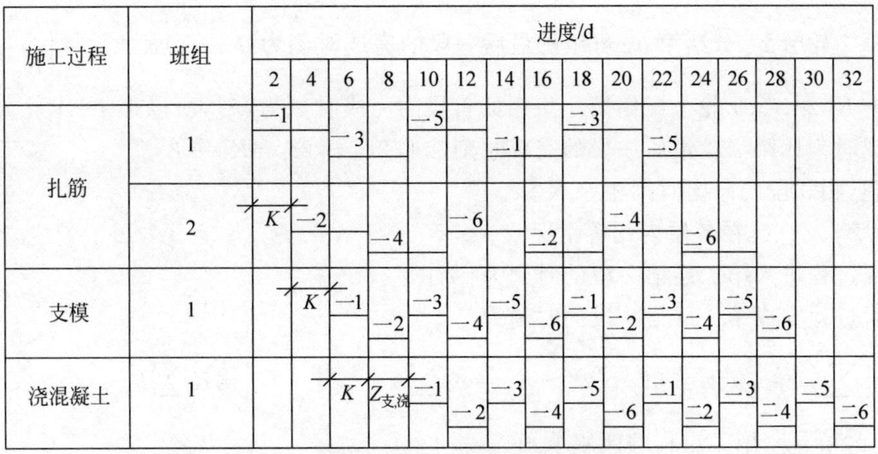

施工过程	班组	2	4	6	8	10	12	14	16	18	20	22	24	26	28	30	32
扎筋	1	一1		一3		一5		二1		二3		二5					
	2		K 一2		一4		一6		二2		二4		二6				
支模	1		K 一1	一2	一3	一4	一5	一6	二1	二2	二3	二4	二5	二6			
浇混凝土	1				K Z支浇 一1	一2	一3	一4	一5	一6	二1	二2	二3	二4	二5		二6

图 2-8　例 2-4 成倍节拍流水施工横道图

2.5.3　成倍节拍流水施工组织的几点说明

1）一过程各班组的段号分法：当一个过程有多个班组时，所有层上的所有段在各班组间逐轮进行分配。

2）相邻班组有 K。

3）间歇为相邻过程对同一段。

4）多施工层施工有最少段数的证明。

证明包括 3 个方面：

（1）证明：对某一过程，当施工段数每增加一段，则该过程总体持续时间增加 K。

对 $b_i = \dfrac{t_i}{K} = 1$，显然成立；其中 b_i 为第 i 过程的班组数。

对 $b_i = \dfrac{t_i}{K} \neq 1$，所有 b_i 班组分 m 段的顺序如图 2-9 所示：

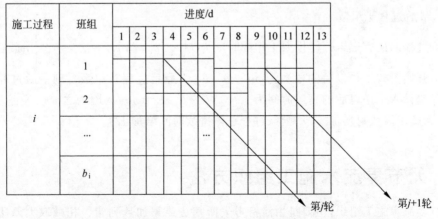

图 2-9　b_i 班组分配 m 段的顺序

在同一轮分配内，显然每增加一段则该过程总持续时间增加 K（因为 $m > b_i$ 所以各班组至少分一段，亦即至少分配一轮）。

在第 j 轮分配,分给第 b_i 班组的最后一段的完成时刻为 $(b_i-1)K+t_i=\left(\dfrac{t_i}{K}-1\right)K+$

$t_i=2t_i-K$,第 $j+1$ 轮分配给第 1 班组的首段的完成时刻为 $2t_i$,所以第 $j+1$ 轮分配的首段的完成时刻比第 j 轮最后一段的完成时刻推迟 $2t_i-(2t_i-K)=K$。

同理,相邻段的开始时刻相差 K。

(2) Z_1、Z_2、C 在各层内相等情况

第一过程进入第二层第一段的时刻为:mK。

最后过程完成第一层第一段的时刻为:

$$\left(\sum b_i-\frac{t_n}{K}\right)K+Z_1^1-C^1+t_n=K\sum b_i+Z_1^1-C^1=K\sum b_i+Z_1-C$$

其中,t_n 为第 n 个施工过程的流水节拍。

$$mK-\left(K\sum b_i+Z_1-C\right)\geqslant Z_2$$

$$m\geqslant\sum b_i+\frac{Z_1}{K}+\frac{Z_2}{K}-\frac{C}{K}$$

(3) Z_1、Z_2、C 在各层内不相等情况

同本书 2.4.3 节之"(2)""(3)"即得所证。

5) 工期公式 $T=\left(mr+\sum b_i-1\right)K+Z_1^1-C^1$ 证明。

可分两种情况:最后过程班组数=1、最后过程班组数≠1。

(1) 最后过程班组数=1

$T=\left(mr+\sum b_i-1\right)K+Z_1^1-C^1=\left[\left(\sum b_i-1\right)K+Z_1^1-C^1\right]+mrK$。 其中,

$\left[\left(\sum b_i-1\right)K+Z_1^1-C^1\right]$ 为最后过程班组开始投入工作的时刻,$mrK=mrt_j$(t_j 为最后过程流水节拍)。

(2) 最后过程班组数≠1

最后过程的最后班组开始投入工作的时刻为 $\left[\left(\sum b_i-1\right)K+Z_1^1-C^1\right]$,最后过程的最后班组开始投入工作以后的段数为 $mr-b_j$(b_j 为最后过程班组数),则最后过程在其最后班组开始投入工作以后的延续时间为 $t_j+(mr-b_j)K=mrK$(因为之前已经证明:对某一过程,当施工段数每增加一段,则该过程总体持续时间增加 K)。

2.6 无节奏流水施工组织方法

无节奏流水施工组织,主要是用潘特考夫斯基法或累加数列错位相减取大差法计算流水步距,举例说明如下。

【例 2-5】 某工程流水节拍如表 2-2 所示(单位:d),B、C 间歇 2d,C、D 搭接 1d。试组织流水施工。

表 2-2　流水节拍

过程	段			
	1	2	3	4
A	3	4	2	3
B	2	3	3	2
C	2	2	3	2
D	4	4	3	1

解：第一步：为无节奏流水施工。

第二步：求 K。

K_{AB}：　　　$3,7,9,12$

　　　　$-$　　$2,5,8,\quad 10$

　　　　――――――――――――

　　　　　　$3,\boxed{5},4,4,-10$

K_{BC}：　　　$2,5,8,10$

　　　　$-$　　$2,4,7,9$

　　　　――――――――――――

　　　　　　$2,3,\boxed{4},3,-9$

K_{CD}：　　　$2,4,7,9$

　　　　$-$　　$4,8,11,12$

　　　　――――――――――――

　　　　$\boxed{2},0,-1,-2,-12$

第三步：画横道图(图 2-10)。

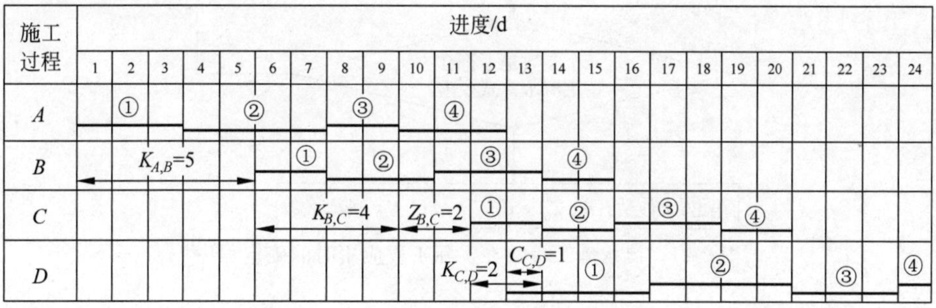

图 2-10　例 2-5 无节奏流水施工横道图

横道图工期可以用工期公式检验：$T = \sum K + Z_1^1 - C^1 + T_N = 5+4+2+2-1+12 = 24$(式中 T_N 为最后一个过程的持续时间，其余符号同前)。

2.7　流水施工方法的应用

2.7.1　关于节拍相等与否

流水施工的分类中，节拍"相等"指"接近"，如节拍 8h、9h 和 10h，均为 1d；如 1d、1.1d、

0.9d 接近(当然还有可能调整人数使各节拍更接近或严格相等);节拍"不等"指各节拍相差悬殊而无法接近,按成倍节拍流水组织。这种理解便于组织方法的应用。

2.7.2　成倍节拍流水方式的一般性意义

由成倍节拍流水的组织步骤知道,成倍节拍流水的各节拍中某一节拍能被其他节拍整除时则 $\sum b_i$ 小,而易于组织流水。

节拍可以为非整数,而"最大公约数"亦可为非整数,但应注意使 b_i 为整数,使 $\sum b_i$ 小从而易于组织流水施工;如节拍分别为 0.5d、1.5d,$K=0.5d$,或节拍换算为 1、3 个时间单位。这种理解便于组织方法的应用。

2.7.3　流水施工参数在实际工程应用时的选定

实际应用流水施工模型时,流水施工参数不像之前讲模型时都是给定的,需要组织者自己确定,而流水施工参数相互关联,相互影响,需反复拼凑或调整才能确定,也可以预定组织方式(全等、成倍)然后逐步确定,或按以下建议程序确定(图 2-11)。

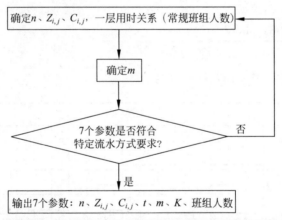

图 2-11　流水施工参数在实际工程应用时的确定程序

流水施工参数在实际工程应用时的确定程序框图中,整层用时关系是各施工过程基于常规班组人数完成一层的用时,以这种用时关系作为节拍关系,判断流水的类别,对最终确定流水施工参数是有效的途径,以下举例说明。

【例 2-6】　某两层装饰工程,施工过程有 4 个:砌筑隔墙、室内抹灰、安塑钢门窗、顶墙涂料,劳动量分别为 200、500、250、300 工日,室内抹灰与安塑钢门窗间歇 3d。试确定流水施工参数。

解:流水参数的确定程序如图 2-12 所示。

图 2-12 中,$K=3$ 时,$m=4+\dfrac{3}{3}=5$,取 5,则节拍为 14.3/5≈3 日,15.6/5≈3 日,15/5=3 日。$K=2$ 时,则 $m\geqslant5.5$,取 6,则节拍为 14.3/6=2.4 日≈2 日;若调整每日工作小时数,如对 14.3 日的工作调整为每日工作 10h,则 14.3×8/10≈11.4d,节拍为 11.4/6=1.9d≈

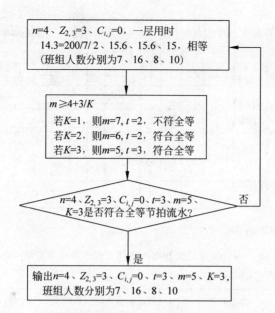

$n=4$、$Z_{2,3}=3$、$C_{i,j}=0$，一层用时
$14.3=200/7/2$、15.6、15.6、15，相等
（班组人数分别为7、16、8、10）

$m \geqslant 4+3/K$
若$K=1$，则$m=7$，$t=2$，不符全等
若$K=2$，则$m=6$，$t=2$，符合全等
若$K=3$，则$m=5$，$t=3$，符合全等

$n=4$、$Z_{2,3}=3$、$C_{i,j}=0$、$t=3$、$m=5$、$K=3$是否符合全等节拍流水？

否

是

输出$n=4$、$Z_{2,3}=3$、$C_{i,j}=0$、$t=3$、$m=5$、$K=3$，班组人数分别为7、16、8、10

图 2-12 流水施工参数在实际工程应用时的确定程序举例

$2\mathrm{d}$。当然，对于 K 的其他取值，同样可以通过上述框图调整包括每日工作小时数、班组人数等，使得多参数符合某一种流水方式，也就是说，可能存在流水参数的多组解。

2.7.4 流水施工方法的工程应用实例

【例 2-7】 某两层框架主体工程，柱距 $6 \times 6\mathrm{m}$，长 $15 \times 6\mathrm{m}$，宽 $3 \times 6\mathrm{m}$。其主体工程流水施工组织结果如图 2-13 所示，其中混凝土没有采用商品混凝土。

施工过程	一层工程量		时间定额	劳动量/工日	流水节拍/d	工人人数/人	进度/d															
	单位	数量					2	4	6	8	10	12	14	16	18	20	22	24	26	28	30
竖筋	t	11.0	2.4 工日/t	26.4	1	9	一1		一2		一3		二1		二2		二3				
模板	m²	3240	0.069 工日/m²	223.6	4	19		一1			一2		一3		二1		二2		二3		
水平筋	t	33.0	3.4 工日/t	112.2	3	13				一1		一2		一3		二1		二2		二3	
混凝土	m³	414	1.0 工日/t	414	2	69					一1		一2		一3		二1		二2		二3

图 2-13 某两层框架结构主体工程流水施工

图 2-13 是目前流水施工方法在建筑中的应用水平，其特征是：分段后，让主导过程及更多的过程连续，且最大限度搭接，但不是所有施工过程在所有层连续。上述工程也可以组织成所有施工过程在各层连续的流水施工（可以称为"严格流水"），如图 2-14、图 2-15 所示。

图 2-14 中，施工过程不包括"混凝土"，混凝土浇筑采用高效率的商品混凝土，组织成为成倍节拍流水。

施工过程	一层工程量		时间定额	劳动量/工日	流水节拍	工人人数/人	班组	进度/d													
	单位	数量						1	2	3	4	5	6	7	8	9	10	11	12	13	14
竖筋	t	11.0	2.4 工日/t	26.4	1d	5	1	一1	一2	一3	一4	一5	二1	二2	二3	二4	二5				
模板	m^2	3240	0.069 工日/m^2	223.6	2d	22	1		一1		一3		一5		二2		二4				
							2			一2		一4		二1		二3		二5			
水平筋	t	33.0	3.4 工日/t	112.2	2d	11	1				一1		一3		一5		二2		二4		
							2					一2		一4		二1		二3		二5	
混凝土	m^3	414			2.1h	7	1					○	○	○	○	○	○	○	○	○	○

○表示夜班

注：混凝土浇筑速度按40m^3/h。

图 2-14 某两层框架结构主体工程严格流水方案一

施工过程	一层工程量		时间定额	劳动量/工日	流水节拍	工人人数/人	进度/d						
	单位	数量					1	2	3	4	5	6	7
竖筋	t	11.0	2.4 工日/t	26.4	1d	6	一1	一2	二1	二2			
水平模	m^2	1620	0.069 工日/m^2	111.8	1d	25	一1	一2	二1	二2			
水平筋	t	33.0	3.4 工日/t	112.3	1d	25		一1	一2	二1	二2		
竖模	m^2	1620	0.069 工日/m^2	111.8	1d	25		一1	一2	二1	二2		
混凝土	m^3	414			2.1h	7		○	○	○	○		

○表示夜班

注：混凝土浇筑速度按40m^3/h。

图 2-15 现浇钢混框架结构主体施工严格流水方案二

图 2-15 中，工艺过程"竖筋"指框架柱钢筋，"水平模"指梁板梯模板，二者组合为一个施工过程，在同一施工段同时施工，经实践检验证明彼此没有大的相互干扰。"竖模"指框架柱模板，与"水平筋"组合为一个施工过程，立体交叉，不相互干扰，技术可行。这种流水组织的方案通过组合工艺过程，减少了施工过程数，组织成全等节拍流水施工。两工艺过程共用同一施工段的相互干扰及其程度有待更多的实践检验。

每层结构开始施工之前的弹线，需要轴线投测长线 1～2 根、短线 2～3 根，并校核各轴线长误差，继而弹各结构构件的施工用线。该项工作先于一层结构开始施工约 2h 即可。在严格流水的图 2-14、图 2-15 中，混凝土浇筑一层浇筑多次（分别为 5 次、2 次），一层弹线多次（分别为 5 次、2 次），这是保证竖筋、水平模、水平筋、竖模每天连续进行的代价。

【例 2-8】 某现浇钢筋混凝土剪力墙结构高层住宅主体工程有 6 个工艺过程：扎墙筋、拆安大模、浇筑墙混凝土、支楼板模板、扎楼板钢筋、浇筑楼板混凝土，浇筑墙混凝土、浇筑楼板混凝土均为夜班，且墙混凝土拆模、楼板混凝土达上人强度均为 1 夜。组织为 4 过程全等节拍流水如图 2-16 所示（其中，两次浇筑混凝土不算参数施工过程）。

施工过程	班组	进度/d 1 日	1 晚	2 日	2 晚	3 日	3 晚	4 日	4 晚	5 日	5 晚	6 日	6 晚	7 日	7 晚	8 日	8 晚	9 日	9 晚
扎墙筋	A1	一1		一2		一3		一4		二1		二2		二3		二4		三1	
拆安大模	B			一1		一2		一3		一4		二1		二2		二3		二4	
浇筑墙混凝土	C				一1		一2		一3		一4		二1		二2		二3		二4
支楼板模	D						一1		一2		一3		一4		二1		二2		二3
扎楼板筋	A2							一1		一2		一3		一4		二1		二2	
浇筑楼板混凝土	C								一1		一2		一3		一4		二1		二2

图2-16　某现浇钢筋混凝土剪力墙结构高层住宅主体工程流水

2.7.5　流水施工方法在道路等单层（或线性）工程中的应用

流水施工方法在道路等单层（或线性）工程中的应用简单、有效。

【例2-9】　某管道工程长1000m，4个施工过程：挖沟、铺管、焊接、回填，焊接、回填间歇时间1d，每天可完成100m，则可组织为全等节拍流水，如图2-17所示。还可以减少流水节拍，则流水步距减小，工期缩短。

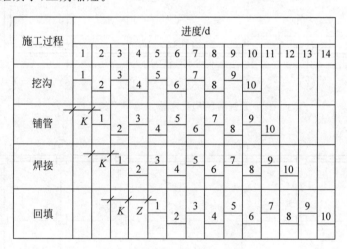

图2-17　线性工程流水施工

2.7.6　小流水施工法组织实例

这种流水的特点见本章开头部分所述。

【例2-10】　某5层平面轴线尺寸36m×54m的现浇钢筋混凝土框架剪力墙结构工程，地下1层，地上4层，9m×9m柱网，东西宽9m×4＝36m，南北长9m×6＝54m。工程流水施工组织方案为：地下结构和地上结构分别组织流水；地下室外墙和其他结构分别划分施工段，分别组织流水。按每天完成1个施工段的思路，经划分方案比较，确定地下结构、地上结构施工段划分方案如图2-18、图2-19所示。图2-18中，地下室外墙（含附墙框架柱）每18m为1段，共分10段，如虚线矩形框及其内部编号（即施工段编号）；地下室外墙向内独立框架柱共 15 根,每 2 根 1 段,共分近似 8 段,如虚线椭圆框及其内部编号(即施工段编号;第 7 段为 1 根柱);梁板结构部分每 2 个 9m×9m 方格划分施工段,共 12 个施工段,如虚线斜线及其中点附近编号(即施工段编号)。图 2-19 中,地上结构框架柱共 35 根,每 4 根为 1 段,共分近似 9 段,柱附近编号为柱所属段号;梁板结构部分划分 12 个施工段同地下室顶板(如虚线斜线及其中点附近施工段编号)。横道图如图 2-20 所示。

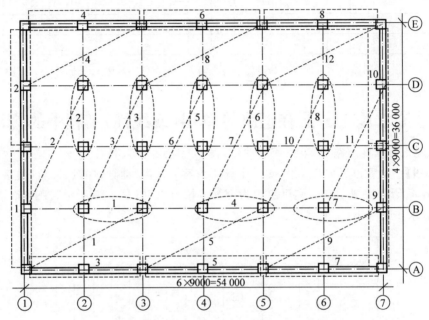

图 2-18 某框剪结构流水施工地下室施工段划分

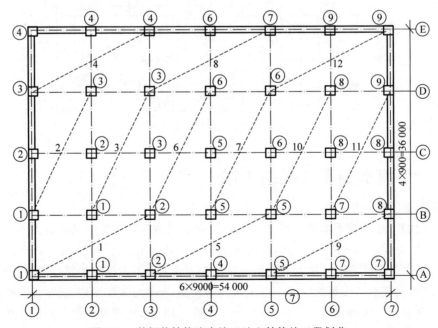

图 2-19 某框剪结构流水施工地上结构施工段划分

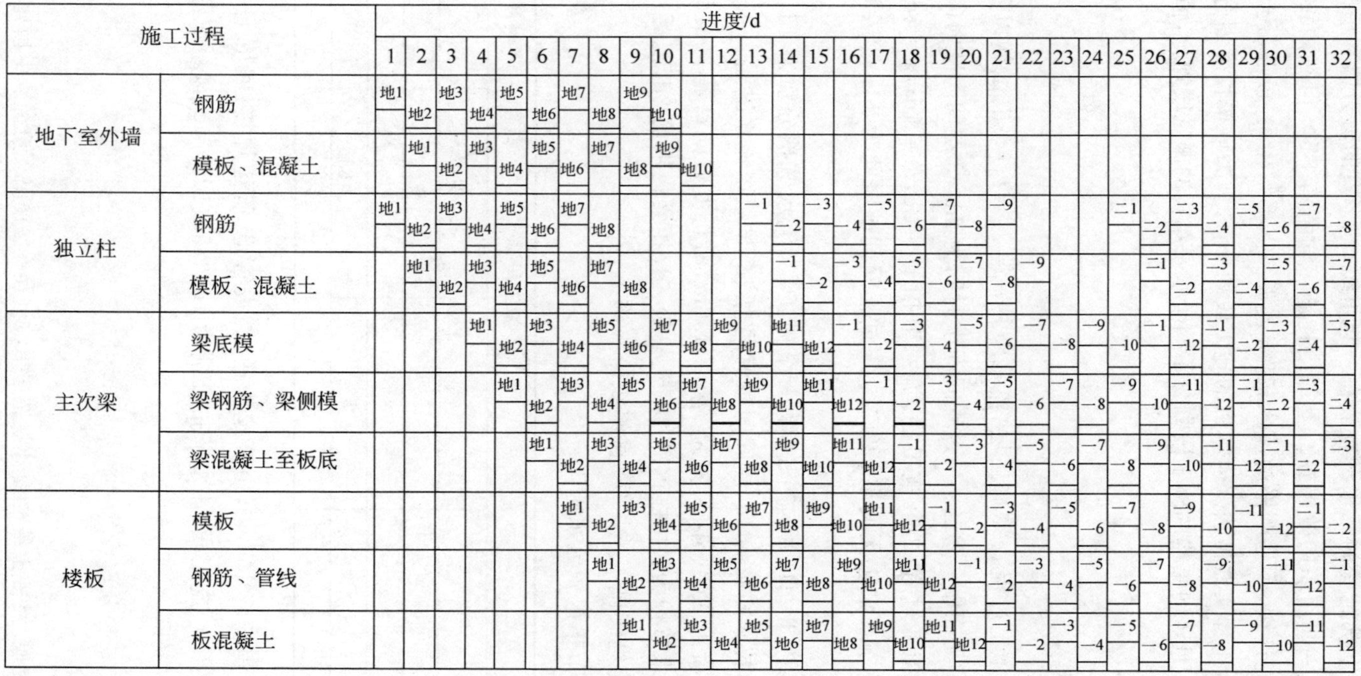

图 2-20　某框剪结构工程流水施工横道图

说明：地1 表示"地下室1段"；一 表示"一层1段"；以此类推。

下表为图 2-20 流水施工横道图的内容（进度单位：d）：

分部	施工过程	1	2	3	4	5	6	7	8	9	10	11	12	13	14	15	16	17	18	19	20	21	22	23	24	25	26	27	28	29	30	31	32
地下室外墙	钢筋	地1	地2	地3	地4	地5	地6	地7	地8	地9	地10	地11	地12	一1	一2	一3	一4	一5	一6	一7	一8	一9	一10	一11	一12								
	模板、混凝土		地1	地2	地3	地4	地5	地6	地7	地8	地9	地10	地11	地12	一1	一2	一3	一4	一5	一6	一7	一8	一9	一10	一11	一12							
独立柱	钢筋				地1	地2	地3	地4	地5	地6	地7	地8	地9	地10	地11	地12	一1	一2	一3	一4	一5	一6	一7	一8	一9	一10	一11	一12					
	模板、混凝土					地1	地2	地3	地4	地5	地6	地7	地8	地9	地10	地11	地12	一1	一2	一3	一4	一5	一6	一7	一8	一9	一10	一11	一12				
主次梁	梁底模							地1	地2	地3	地4	地5	地6	地7	地8	地9	地10	地11	地12	一1	一2	一3	一4	一5	一6	一7	一8	一9	一10	一11	一12		
	梁钢筋、梁侧模								地1	地2	地3	地4	地5	地6	地7	地8	地9	地10	地11	地12	一1	一2	一3	一4	一5	一6	一7	一8	一9	一10	一11	一12	
	梁混凝土至板底									地1	地2	地3	地4	地5	地6	地7	地8	地9	地10	地11	地12	一1	一2	一3	一4	一5	一6	一7	一8	一9	一10	一11	一12
楼板	模板										地1	地2	地3	地4	地5	地6	地7	地8	地9	地10	地11	地12	一1	一2	一3	一4	一5	一6	一7	一8	一9	一10	一11
	钢筋、管线											地1	地2	地3	地4	地5	地6	地7	地8	地9	地10	地11	地12	一1	一2	一3	一4	一5	一6	一7	一8	一9	一10
	板混凝土												地1	地2	地3	地4	地5	地6	地7	地8	地9	地10	地11	地12	一1	一2	一3	一4	一5	一6	一7	一8	一9

因为一个施工段上先施工竖向结构后施工水平结构的工艺逻辑关系,所以,图 2-18、图 2-19 中施工段的编号,与图 2-20 中各施工段的施工顺序一致,但在这样的逻辑下施工段的编号是不唯一的。

本例中,地下室与上部结构的流水没有放在一起组织,地下室的剪力墙和框架柱没有放在一起组织,不如放在一起组织的效果好。上部结构施工过程有 8 个,但有两种段数划分,造成有的施工过程不能连续,不是严格的流水,有待改善。上部结构梁、板混凝土分别浇筑,不如一起浇筑更加符合工程实践做法。但本例的施工段划分,即剪力墙按长度划分、柱按根数划分、梁板按面积划分,且竖向结构的施工段划分不同于水平结构的施工段划分,值得借鉴。

习题

1. 某工程有 3 个施工过程、2 个施工层,流水节拍 $t_1 = t_2 = t_3 = 3d$,试就以下 3 种条件分别组织流水施工:①无间歇;②二、三过程间间歇时间为 2d;③层间间歇时间为 2d。

2. 某工程有 3 个施工过程、2 个施工层,流水节拍 $t_1 = 2d, t_2 = 1d, t_3 = 1d$,试就以下 3 种条件分别组织流水施工:①无间歇;②二、三过程间间歇时间为 2d;③层间间歇时间为 2d。

3. 某分部工程有 Ⅰ、Ⅱ、Ⅲ、Ⅳ 4 个过程,3 个施工层,流水节拍分别为 4d、2d、2d、4d,Ⅰ 和 Ⅱ、Ⅲ 和 Ⅳ 之间的技术间歇为 1d,层间间歇时间为 2d,试组织流水施工。

4. 某 3 层现浇混凝土框架平面尺寸为 24m×150m,沿长度方向每隔 50m 设一道伸缩缝,3 个施工过程的流水节拍为:扎柱钢筋 2d、支模板 4d、扎梁板钢筋 2d,混凝土浇筑及其养护需要 1d,然后才能继续施工上一层,试组织流水施工。

5. 根据下表流水节拍组织流水施工:

施工过程	施工段			
	1	**2**	**3**	**4**
Ⅰ	3	2	4	2
Ⅱ	2	3	2	1
Ⅲ	6	5	1	3
Ⅳ	4	2	5	5

6. 某煤气管道工程长度 1500m,由开挖沟槽、铺设管道、管道焊接、回填土 4 个施工过程完成,每 50m 划分为 1 个施工段,流水节拍分别为 1d、0.5d、1d、0.5d,试组织流水施工。

参考文献

[1] 中国建筑科学研究院. 混凝土结构设计规范: GB 50010—2010[S]. 北京: 中国建筑工业出版社,2016.
[2] 穆静波. 土木工程施工组织[M]. 上海: 同济大学出版社,2009.
[3] 龚仕杰. 混凝土工程施工新技术[M]. 北京: 中国环境科学出版社,1996.
[4] 张厚先,阎西康. 土木工程施工组织[M]. 北京: 化学工业出版社,2010.

第3章

网络计划技术

网络计划技术是一种进度计划和控制技术，1956年始于美国（横道图也由美国人亨利·劳伦斯·甘特（Henry Laurence Gante）在1914—1918年期间设计，又称甘特图）。1956年关键线路法（critical path method，CPM）在美国杜邦公司应用，第一年就节约100万美元；1958年美国海军研究出计划评审技术（program evaluation review technique，PERT），在研制北极星导弹时获得巨大成功，解决了1万多家参与厂商的组织问题并提前2年完成计划任务（实际工期5年）。

杜邦于1802年在美国创办杜邦公司，经营火药生意。杜邦公司在第一次世界大战和第二次世界大战中经济实力大为增强。1956年美国杜邦公司研制CPM这种管理方法，首先应用于新化工厂的建设，后又应用于生产设备的维修，效果都很显著。路易维尔工厂原来因设备大修需停产125h，采用CPM后，停产时间缩短为78h。

1957年12月，杜邦公司成立了一个测试小组测试CPM这种新的计划方法，有一个传统的计划组与他们同时独立对一个价值1000万美元的化学设备项目进行计划。在编制计划时，他们首先将整个项目分解成一些较小的工作包，然后再将这些工作包最终分解成为活动，项目共有800条活动，其中包括400条施工活动，150条采购和设计活动。测试显示CPM更容易更新计划，其工作量仅有最初建立计划的10%；在设计信息只有30%的情况下，能够比较准确预测劳动力，还能够比较准确地识别关键的采购工作。不过现在人们最常提及的一个试验是他们随后进行的维护设备的试验，在此项目中，他们使用CPM进行分析和计划，使得设备维护时间减少了25%。

CPM最初被开发是用于项目管理，不过，在发展过程中，它逐渐在工程项目的合同索赔和纠纷解决上起到重要作用。最早在诉讼中涉及要求使用CPM是1972年，在此案例中，法庭由于承包商没有使用CPM而拒绝了承包商的索赔，因为其使用的横道图不能显示具体的活动是否在关键线路上，从而无法判断活动耽误对于整体的影响。之后，CPM逐渐成为工期延误索赔中必需的做法，并逐渐形成了很多专门的分析方法，现在甚至有很多人专业从事工期延误分析的工作。

1957年美国首先开始研制第一代装有远程导弹的核潜艇。研制工作历时5年，研究费用35亿美元。导弹重约15t，装上核弹头能飞2253km。

1965年华罗庚将CPM引入中国，称之为统筹方法。并开展了一系列推广活动，在我国经济建设中取得了良好效果，为提高我国的经济管理、工程管理水平发挥了积极作用。

此后又相继产生了决策关键线路法（decision critical path method，DCPM）、搭接网络计划法（multi-dependency network method，MNM）、图示评审技术（graphic evaluation review technique，GERT）、随机网络计划技术（random network planning technique，RNPT）、风险型随机网络计划技术（venture-based random network planning technique，VRNPT）等多种网络计划方法。由于网络计划技术在缩短项目建设周期、项目成本控制、合理调配资源、统筹协调项目实施、项目决策等方面体现出的科学有效性，使网络计划技术被世界各国公认为是一种内容丰富、行之有效、应用广泛的现代生产管理的科学方法。

为规范网络计划技术在我国的实施推广，国家有关部门颁布了一系列标准、规程，目前正在执行的主要包括：《网络计划技术　第1部分：常用术语》（GB/T 13400.1—2012）、《网络计划技术　第2部分：网络图画法的一般规定》（GB/T 13400.2—2009）、《网络计划技术　第3部分：在项目管理中应用的一般程序》（GB/T 13400.3—2009）、《工程网络计划技术规程》（JGJ/T 121—2015）。

3.1　网络计划技术概述

3.1.1　网络图、网络计划

根据《工程网络计划技术规程》（JGJ/T 121—2015，以下简称15规程），网络图是由箭线和节点组成，用来表示工作流程的有向、有序网状图形；网络计划是在网络图上加注工作的时间参数而编制成的进度计划。在网络计划技术应用过程中，有时不严格区分上述两术语。

3.1.2　网络计划技术的种类

目前，国内外网络计划技术达百种，从不同的角度出发，可以将网络计划划分为不同的种类。常见的网络计划种类如表3-1所示，含上述CPM（工序时间、关系一定）、PERT（工序时间不一定，关系一定）。网络图按绘图符号的不同分为双代号网络图、单代号网络图。本书未加特别说明时网络计划技术均针对CPM而言。

表 3-1　网络计划种类

分类角度	类　型	特　点
绘图符号	单代号网络计划	以每个节点表示一项工作，箭线仅表示工作间的逻辑关系
	双代号网络计划	以箭线及两端的节点表示一项工作
目标数目	单目标网络计划	仅有一个最终节点（目标）
	多目标网络计划	有多个最终节点（多个独立目标）
有无时间坐标	时标网络计划	有时间坐标的网络计划
	非时标网络计划	无时间坐标的网络计划
工作性质	肯定型网络计划	工作、工作之间的逻辑关系和工作持续时间三者都是肯定的
	非肯定型网络计划	工作、工作之间的逻辑关系和工作持续时间三者至少有一项是不肯定的

分类角度	类　　型	特　　点
编制层次	总网络计划	以整个计划任务为对象编制的网络计划
	局部网络计划	以计划任务的一部分为对象编制的网络计划
工作衔接特点	普通网络计划	前后工作按首尾衔接方式连接
	搭接网络计划	前后工作间存在搭接时距
	流水网络计划	能够反映流水作业的网络计划

3.1.3　网络计划技术在项目计划管理中应用的程序

根据《网络计划技术　第3部分：在项目管理中应用的一般程序》(GB/T 13400.3—2009)，网络计划技术在项目计划管理中应用的程序是：绘图→计算→优化→控制。只有经过优化的网络计划才可以执行。"控制"是通过信息反馈来揭示成效与标准之间的差，并采取纠正措施，使系统稳定在预定的目标状态上。

"控制"已形成了专门领域"控制论"，成为研究动态系统在变化的环境条件下如何保持平衡状态或稳定状态的科学。自从1948年美国应用数学家诺伯特·维纳(1894—1964)发表了著名的《控制论——关于在动物或机器中控制或通讯的科学》一书以来，各种冠以控制论名称的边缘学科如雨后春笋般生长出来，如工程控制论、生物控制论、神经控制论、经济控制论以及社会控制论等，控制论的思想和方法已经渗透到了几乎所有的自然科学和社会科学领域，而管理更是控制论应用的一个重要领域。维纳特意创造"cybernetics"这个英语新词来命名这门科学。

3.1.4　网络计划与横道图相比的优缺点

网络计划和横道图都是用于进度方面的组织技术。网络计划与横道图相比主要具有以下优点和缺点。

1. 优点

（1）工序的先后关系明了，因而某一工序提前或拖后时对工程的影响也明了。

工序的先后关系由箭线串起，而不被箭线所串起的工作间没有先后关系，当先行工作在执行中发生比计划提前或拖后时，必然影响其后面的工作。

（2）可以计算工作的时间参数，而参数意义明显。

如工作的最早开始时间、总时差。

（3）可以找到关键工作和关键线路。

关键工作和关键线路就进度目标而言，它们对于实现进度目标很"关键"，即关键工作拖延必然拖延计划工期。

（4）可以优化。

网络计划的优化主要有三大目标：工期、资源、费用。

（5）可以利用计算机。

现有市场化进度管理软件可以输出横道图，但基本都基于网络计划技术绘图、优化。

2．缺点：复杂

网络计划技术因为复杂，所以对使用者素质要求较高。反映流水作业情况，可以用流水网络；至于统计资源量，可以使用时标网络计划。

3.2　双代号网络计划

3.2.1　基本术语（根据 15 规程）

1．双代号网络图

以箭线及其两端节点的编号表示工作的网络图，如图 3-1、图 3-2 所示。

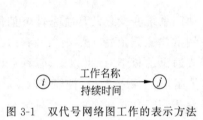

图 3-1　双代号网络图工作的表示方法　　　　图 3-2　双代号网络图

2．工作、虚工作

工作是划分的子项目或子任务。虚工作是双代号网络图中表示工作间逻辑关系、不消耗资源（含时间）的工作，用虚箭线表示。

3．紧前工作、紧后工作、平行工作

紧前工作是紧排在本工作之前的工作。紧后工作是紧排在本工作之后的工作。平行工作是与本工作同时进行的工作。

紧前工作找法：绘图时，逆箭线找到的第一个"工作"（不包括"虚工作"）。时间参数计算时，紧前工作包括"虚工作"。例如，图 3-2 绘图时，5-6 工作的紧前工作是 3-5、2-4；时间参数计算时，5-6 工作的紧前工作是 3-5、4-5。

紧后工作找法与紧前工作找法相反，绘图时，顺箭线找到的第一个"工作"（不包括"虚工作"）。时间参数计算时，紧后工作包括"虚工作"。例如，图 3-2 所示，绘图时，2-4 工作的紧后工作是 4-6、5-6；时间参数计算时，2-4 工作的紧后工作是 4-6、4-5。

紧后工作与紧前工作一一对应，即 A 是 B 的紧前工作，则 B 是 A 的紧后工作。这一规律在绘图、时间参数计算两工作中相同。

4．节点、起点节点、终点节点

节点是网络图中箭线两端的封闭图形；在双代号网络计划、单代号网络计划中节点代

表意义不同。起点节点是没有内向箭线的节点,终点节点是没有外向箭线的节点。

5. 线路、关键工作、关键线路

线路——网络图中从起点节点开始,沿箭线方向顺序通过一系列箭线(或虚箭线)与节点,最后达到终点节点的通路。关键工作是总时差最小的工作(对 CPM 而言)。关键线路是全由关键工作组成的线路(仅对双代号网络计划适用,不同于单代号网络计划,后详),或线路所有工作持续时间之和最长的线路(对双代号网络计划和单代号网络计划均适用)。

以上术语中,工作、紧前工作、紧后工作、平行工作、节点、起点节点、终点节点、线路、关键工作等的定义,对于单代号网络计划也一样。

3.2.2 双代号网络图绘制

1. 绘图规则

1) 节点、工作与编号一一对应

即节点必须编号,且一个编号只能代表一个节点,一对编号只能代表一项工作。反例及其修正如图 3-3 所示。

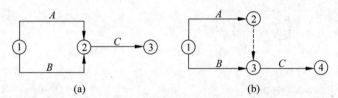

图 3-3 节点或工作与编号一一对应的反例及其修正

(a) 反例;(b) 修正

2) 编号由小指向大

节点编号可以不连续,但必须是由小指向大,如 1→2,1→5 等。

3) 多余虚工作不宜

虚工作去掉以后,逻辑关系仍然正确则说明该虚工作多余。多余虚工作不产生对错问题,只产生繁简问题。

4) 逻辑关系正确

工程实际中的关系与图中的关系应一一对应。

5) 严禁循环线路

循环线路的出现,是另一种逻辑关系错误,如图 3-4 所示。

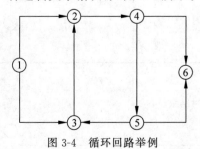

图 3-4 循环回路举例

6）箭线单向、双节点

箭线无向、双向不可。箭线双节点反例如图3-5所示。

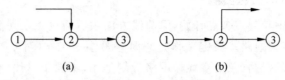

图 3-5　箭线双节点反例

(a) 内向箭线；(b) 外向箭线

7）一点多线、交叉箭线画法：母线法、过桥法或指向法

母线法如图3-6所示，过桥法、指向法如图3-7所示。

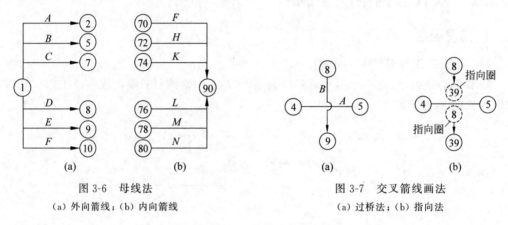

图 3-6　母线法　　　　　　　　图 3-7　交叉箭线画法

(a) 外向箭线；(b) 内向箭线　　　　(a) 过桥法；(b) 指向法

8）单起点单终点

即一幅网络图只能有一个起点节点、一个终点节点。

箭线应为水平直线、垂直直线或为折线，水平直线投影方向应自左向右，不是绘图规则，而是一般规定和业内习惯。网络图匀称美观，也是业内习惯。

2. 常见关系的部分表达

这里所谓"部分表达"，指为了分解教学而不遵循全部绘图规则，如表3-2所示。

表 3-2　双代号网络图常见逻辑关系的部分表达

序号	工作之间的逻辑关系	双代号网络图表示方法
1	A、B、C 三项工作同时开始	
2	A、B、C 三项工作同时结束	

序号	工作之间的逻辑关系	双代号网络图表示方法
3	A 完成后进行 B 和 C	
4	A、B 完成后进行 C	
5	A、B 都完成后进行 C 和 D	
6	A 完成后进行 C A、B 都完成后进行 D	
7	A、B 都完成后进行 D A、B、C 都完成后进行 E D、E 都完成后进行 F	
8	A 完成后进行 C B 完成后进行 E A、B 都完成后进行 D	

3. 一般绘图步骤

一般绘图步骤为：整理关系表→部分表达关系→检查调整。

工程实际中的关系纷繁复杂,通过整理关系表可以把关系条理化、简单化。关系表按照紧前关系或紧后关系整理。"检查调整"指用绘图规则检查、调整,也可以与部分表达关系同时进行。

【例 3-1】　某现浇框剪结构一个结构层施工顺序为:柱钢筋→柱模板,剪力墙钢筋→剪力墙模板,电梯井钢筋→电梯井模板;柱、墙、电梯井模板→梁、板、楼梯模板→柱、墙、电梯井混凝土→梁、板、楼梯钢筋、预埋管线→梁、板、楼梯混凝土。工种班组安排上,同一时间只有一个钢筋工班组,即柱钢筋→剪力墙钢筋→电梯井钢筋→梁、板、楼梯钢筋依次施工。试整理关系表,绘制双代号网络图。

解:整理关系表如表 3-3 所示。双代号网络图如图 3-8 所示。

表 3-3　例 3-1 关系表(上述工序采用简称)

工作	柱筋	墙筋	井筋	柱模	墙模	井模	梁板梯模	柱墙井混凝土	梁板梯筋、预埋管线	梁板梯混凝土
紧前工作	—	柱筋	墙筋	柱筋	墙筋	井筋	柱模、墙模、井模	梁板梯模	柱墙井混凝土	梁板梯筋、预埋管线

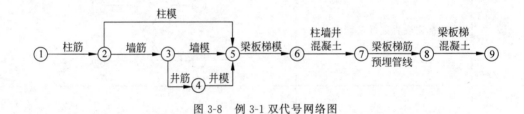

图 3-8　例 3-1 双代号网络图

【例 3-2】　用表 3-4 所给关系表绘制双代号网络图。

表 3-4　例 3-2 关系表

工作	A	B	C	D	E	F	G	H
紧前工作	—	A	—	C	C	A、D、E	E	F、G

解:如图 3-9 所示。

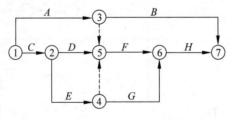

图 3-9　例 3-2 双代号网络图

4. 紧前关系转换为紧后关系

可以用列表(或称矩阵)的方法把紧前关系与紧后关系互相转换,把表 3-4 的紧前关系转换为紧后关系,如表 3-5、表 3-6 所示,其中工作所在行是紧前工作,工作所在列是其紧后工作。

表 3-5 表 3-4 紧前关系转为紧后关系的矩阵

紧后工作	紧前工作							
	A	**B**	**C**	**D**	**E**	**F**	**G**	**H**
A								
B	√							
C								
D			√					
E			√					
F	√			√	√			
G					√			
H						√	√	

表 3-6 关系表

工作	A	B	C	D	E	F	G	H
紧后工作	B、F	—	D、E	F	F、G	H	H	—

5. 流水施工的双代号网络图表达

流水施工用双代号网络图表达,可以使用上述一般绘图步骤,但相对其中的特殊画图规律比较复杂。双代号网络图反映一个过程一次经过各工作面,一个工作面上过程有先后关系,但不反映多工作班组、间歇、搭接、连续,这些关系可通过流水网络、搭接网络等另外的网络反映。在双代号网络图里仍然可以表达成倍节拍流水的多班组安排。

【**例 3-3**】 用双代号网络图表示扎筋、支模、浇混凝土 3 过程,4 段流水施工。

解:如图 3-10 所示。

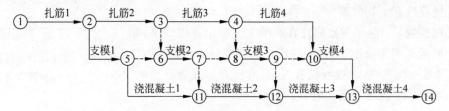

图 3-10 流水施工施工的双代号网络图

图 3-10 反映了过程先后经过工作面:1→2→3→4,一个工作面上过程先后制约。用双代号网络图表示流水施工有以下特殊画图规律:(1)虚工作规律——中间行的中间工作的上下左右为虚工作。否则不对,如图 3-11 所示。(2)行少较好——即过程数少于段数,横向按段排,反之按过程排。因为这样出现的中间行的中间工作较少,虚工作则较少。

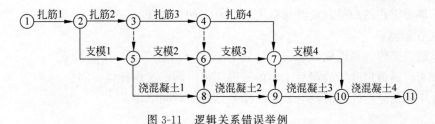

图 3-11 逻辑关系错误举例

图 3-11 把图 3-10 中中间行的虚工作去掉,则造成浇混凝土 1 与扎筋 2 发生联系、浇混凝土 2 与扎筋 3 发生联系、浇混凝土 3 与扎筋 4 发生联系,这是不存在的制约关系,是错误的关系。

3.2.3 双代号网络计划时间参数计算

CPM 双代号网络图时间参数常用计算方法,按计算形式分为图上计算法、表上计算法、分析计算法(又称公式计算法)、矩阵计算法;按计算手段分为手算、电算;按是否直接计算工作时间参数分为按工作计算法、按节点计算法。本课程一般要求重点掌握图上计算法、手算。标号法是找到关键线路的方法,15 规程没有编入。

表上计算法把每个活动的作业时间及其编号填入表格,作为初始数据,利用紧前、紧后工作共用同一节点的特征,找到紧前、紧后工作,从而计算时间参数、标注关键线路;分析计算法(又称公式计算法)用公式的形式计算时间参数、标注关键线路;矩阵计算法根据节点数目 n,画一张 $n \times n$ 的矩阵表,将作业时间 D_{i-j} 填入表中箭尾结点行与箭头结点列相交会的格中,只要计算 ES_{i-i}、LF_{i-j},算法不变,但比表格计算法更为简明。按工作计算法直接计算工作的时间参数;按节点计算法先计算节点的时间参数,再计算工作的时间参数。

1. 时间参数及其标注方式

最早开始时间 ES_{i-j}(earliest start time)、最早完成时间 EF_{i-j}(earliest finish time)、最迟开始时间 LS_{i-j}(latest start time)、最迟完成时间 LF_{i-j}(latest finish time)、自由时差 FF_{i-j}(free float)、总时差 TF_{i-j}(total float)、计算工期 T_c(calculated project duration)、要求工期 T_r(required project duration)、计划工期 T_p(planned project duration)、工作持续时间 D_{i-j}(duration)。以上英文翻译为传统翻译,不同于 15 规程。15 规程没有干扰时差。

15 规程规定:时间参数标注在箭线上,D_{i-j} 在箭线下,如图 3-12 所示。当为虚工作时,图中箭线为虚箭线;当箭线为竖直线时参数标注位置 15 规程没有规定,有地方标注而且清晰、不混淆即可。15 规程不用二时、四时标注法。

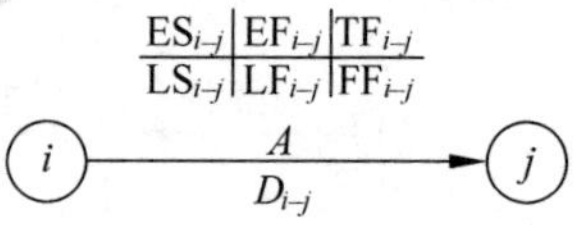

$$\begin{array}{c} \frac{ES_{i-j} \mid EF_{i-j} \mid TF_{i-j}}{LS_{i-j} \mid LF_{i-j} \mid FF_{i-j}} \\ \textcircled{i} \xrightarrow[\substack{A \\ D_{i-j}}]{} \textcircled{j} \end{array}$$

图 3-12 按工作计算法的时间参数标注方式

2. 按工作计算法计算规则及关键线路(图上计算法)

由前往后算:

(1) 开始工作的最早开始时间=0;

(2) 工作的最早完成时间=工作的最早开始时间+工作持续时间;

(3) 工作的最早开始时间=紧前工作最早完成时间取大;

(4) 最后工作的最早完成时间取大=计算工期。记 T_c

由后往前算:

(1) 最后工作的最迟完成时间=计划工期($\leqslant T_r$,有 T_r;$= T_c$,无 T_r);

(2) 工作的最迟开始时间=工作的最迟完成时间-工作持续时间;

(3) 工作的最迟完成时间=紧后工作最迟开始时间取小。

算时差、标关键线路：

(1) 工作自由时差＝紧后工作最早开始时间－本工作最早完成时间；

(2) 最后工作自由时差＝计划工期－本工作最早完成时间；

(3) 工作总时差＝工作的最迟开始时间－工作的最早开始时间。

关键线路：标注粗线、双线或彩线。

以上 10 条计算规则可以用公式表示为：

(1) $ES_{1-j}=0$；（$1-j$ 表示开始工作，即该工作的开始节点为网络图的起点节点）；

(2) $EF_{i-j}=ES_{i-j}+D_{i-j}$；

(3) $ES_{i-j}=\max\{EF_{h-i}\}$；（$h-i$ 为 $i-j$ 的紧前工作）

(4) $T_c=\max\{EF_{i-n}\}$；（$i-n$ 表示最后工作，即该工作的结束节点为网络图的终点节点）；

(5) $LF_{i-n}=T_p$（$\leqslant T_r$，有 T_r；＝T_c，无 T_r）；

(6) $LS_{i-j}=LF_{i-j}-D_{i-j}$；

(7) $LF_{i-j}=\min\{LS_{j-k}\}$；（$j-k$ 为 $i-j$ 的紧后工作）；

(8) $FF_{i-j}=ES_{j-k}-EF_{i-j}$；

(9) $FF_{i-n}=T_p-EF_{i-n}$；

(10) $TF_{i-j}=LS_{i-j}-ES_{i-j}$。

【例 3-4】　用图上计算法计算以下双代号网络计算时间参数，标注关键线路。

解：如图 3-13 所示。

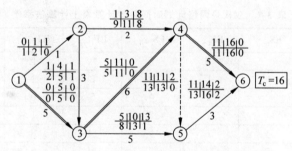

图 3-13　双代号网络计划参数图上计算法举例

3. 按工作计算法（表上计算法）

表上计算法所用公式、计算程序与图上计算法相同，但根据工作之间节点编号关系找到紧前工作、紧后工作。这种特点使得网络图清晰、计算数据条理化。

【例 3-5】　网络图如图 3-13 所示，表上计算法如表 3-7 所示。

首先填表 $i-j$、D_{i-j}。

由前往后算：

1-2 为开始工作，$ES_{1-2}=0$，则 $EF_{1-2}=ES_{1-2}+D_{1-2}=0+1=1$。

1-3 为开始工作，$ES_{1-3}=0$，则 $EF_{1-3}=ES_{1-3}+D_{1-3}=0+5=5$。

2-3 的紧前工作为 1-2，二者共用节点"2"，则 $ES_{2-3}=$ 紧前工作最早完成时间（1）取大＝1，则 $EF_{2-3}=ES_{2-3}+D_{2-3}=1+3=4$。

与 2-3 同理,$ES_{2\text{-}4}=1$,$EF_{2\text{-}4}=3$。

3-4 的紧前工作为 1-3、2-3,三者共用节点"3",则 $ES_{3\text{-}4}=$ 紧前工作最早完成时间(5,4)取大 $=5$,则 $EF_{3\text{-}4}=ES_{3\text{-}4}+D_{3\text{-}4}=5+6=11$。

同理,可以计算 3-5、4-5、4-6、5-6 的 ES、EF,如表 3-7 所示。

最后工作为 4-6、5-6,则 $T_c=$ 最后工作最早完成时间(16,14)取大 $=16$。

由后往前算:

5-6 为最后工作,则 $LF_{5\text{-}6}=$ 计划工期 $=T_c=16$,则 $LS_{5\text{-}6}=16-3=13$。

与 5-6 同理,$LF_{4\text{-}6}=16$,$LS_{4\text{-}6}=11$。

4-5 的紧后工作是 5-6,二者共用节点"5",则 $LF_{4\text{-}5}=$ 紧后工作的最迟开始时间(13)取小 $=13$,则 $LS_{4\text{-}5}=13-0=13$。

与 4-5 同理,$LF_{3\text{-}5}=13$,$LS_{3\text{-}5}=8$。

3-4 的紧后工作是 4-5、4-6,三者共用节点"4",则 $LF_{3\text{-}4}=$ 紧后工作的最迟开始时间(13,11)取小 $=11$,则 $LS_{3\text{-}4}=11-6=5$。

同理,可以计算 2-4、2-3、1-3、1-2 的 LS、LF,如表 3-7 所示。

算时差、标注关键线:

$TF_{i\text{-}j}=LS_{i\text{-}j}-ES_{i\text{-}j}$,则 $TF_{1\text{-}2}=LS_{1\text{-}2}-ES_{1\text{-}2}=1-0=1$。同理,其他工作的 TF 如表 3-7 所示。

$FF_{i\text{-}j}=ES_{j\text{-}k}-EF_{i\text{-}j}$,$FF_{i\text{-}n}=T_P-EF_{i\text{-}n}$,则 $FF_{1\text{-}2}=ES_{2\text{-}3}-EF_{1\text{-}2}=1-1=0$,$FF_{5\text{-}6}=T_P-EF_{i\text{-}n}=16-14=2$。同理,其他工作的 FF 如表 3-7 所示。

表 3-7　双代号网络计划时间参数计算表上计算法举例

工作	D_{i-j}	ES_{i-j}	EF_{i-j}	LS_{i-j}	LF_{i-j}	TF_{i-j}	FF_{i-j}	关键工作
一	二	三	四	五	六	七	八	九
1-2	1	0	1	1	2	1	0	
1-3	5	0	5	0	5	0	0	√
2-3	3	1	4	2	5	1	1	
2-4	2	1	3	9	11	8	8	
3-4	6	5	11	5	11	0	0	√
3-5	5	5	10	8	13	3	1	
4-5	0	11	11	13	13	2	0	
4-6	5	11	16	11	16	0	0	√
5-6	3	11	14	13	16	2	2	

总时差(0,1,2,3,8)最小 $=0$ 的工作:1-3、3-4、4-6 为关键工作;这些工作所连接的线路:1-3-4-6 即为关键线路。

4. 按节点计算法简介

按节点计算法是双代号网络计划中先计算节点时间参数,再据以计算各项工作的时间参数。节点时间参数是节点最早时间(ET_i)、节点最迟时间(LT_i)。其中,节点最早时间的意义是以该节点为开始节点的工作的最早开始时间;节点最迟时间的意义是以该节点为结束节点的工作的最迟完成时间。

由节点最早时间、节点最迟时间的意义可知,按节点计算法或节点最早时间、节点最迟时间的计算,与按工作计算法的公式、程序有密切关系,如下:

(1) $ET_1 = 0$("1"代表网络图起点节点);

(2) $ET_j = \max\{ET_i + D_{i-j}\}$($D_{i-j}$ 代表 $i-j$ 工作的持续时间);

(3) $T_c = ET_n$(n 代表网络图终点节点;T_c 代表计算工期);

(4) $LT_n = T_p$($\leqslant T_r$,有 T_r;$= T_c$,无 T_r);

(5) $LT_i = \min\{LT_j - D_{i-j}\}$;

(6) $ES_{i-j} = ET_i$;

(7) $EF_{i-j} = ES_{i-j} + D_{i-j}$;

(8) $LF_{i-j} = LT_j$;

(9) $LS_{i-j} = LF_{i-j} - D_{i-j}$;

(10) $FF_{i-j} = ES_{j-k} - EF_{i-j}$;

(11) $FF_{i-n} = T_p - EF_{i-n}$;

(12) $TF_{i-j} = LS_{i-j} - ES_{i-j}$。

5. 矩阵计算法

矩阵计算法是根据网络图作矩阵,在矩阵内计算网络图节点的时间参数:节点最早时间(ET_i)、节点最迟时间(LT_i)。节点最早时间、节点最迟时间的意义同前:节点最早时间的意义是以该节点为开始节点的工作的最早开始时间;节点最迟时间的意义是以该节点为结束节点的工作的最迟完成时间。

【例 3-6】　用矩阵计算法计算图 3-13 双代号网络计划的时间参数。

解:矩阵计算法结果如表 3-8 所示。

表 3-8　双代号网络计划的时间参数计算矩阵计算法举例

ET		LT					
		0	2	5	11	13	16
	i			j			
		1	2	3	4	5	6
0	1		1	5			
1	2			3	2		
5	3				6	5	
11	4					0	5
11	5						3
16	6						

节点号由小到大填入矩阵，以行为工作结束节点，以列为工作开始节点，工作持续时间填入工作开始节点、结束节点所在行、列交点方格。

$ET_1=0$；

ET_2：在列"2"的工作持续时间有 1 个：1，$ET_2=\max\{ET_1+1\}=1$；

ET_3：在列"3"的工作持续时间有 2 个：3、5，$ET_3=\max\{ET_1+5,ET_2+3\}=5$；

ET_4、ET_5、ET_6 以此类推，结果填入表；

$T_c=16$；

$LT_6=16$；

LT_5：在行"5"的工作持续时间有 1 个：3，$LT_5=\min\{LT_6-3\}=13$；

LT_4：在行"4"的工作持续时间有 2 个：0、5，$LT_4=\min\{LT_6-5,LT_5-0\}=11$；

LT_3、LT_2、LT_1 以此类推，结果填入表。

3.3 单代号网络计划

单代号网络图是用节点及其编号代表工作的网络图。

3.3.1 单代号网络图的绘制

1. 绘图规则

（下划线部分与双代号网络图不同，其余与双代号网络图相同）

（1）节点、工作与编号一一对应；

（2）编号由小指向大；

（3）多余虚工作不宜；

（4）逻辑关系正确；

（5）严禁循环线路；

（6）箭线单向、双节点；

（7）一点多线、交叉箭线画法：母线法、过桥法或指向法；

（8）单起点单终点。否则增加起点节点、终点节点。

其中，单代号网络图没有（3）、（7）下划线部分，（8）下划线部分为比双代号网络图多出的部分。

箭线应为水平直线、折线或斜线，水平直线投影方向应自左向右，不是绘图规则，但属于一般规定和业内习惯。网络图匀称美观，也是业内习惯。

2. 常见逻辑关系的部分表达

常见逻辑关系的部分表达（含义如 3.2.2）如表 3-9 所示。

表 3-9 单代号网络图常见逻辑关系的部分表达

序号	工作之间的逻辑关系	单代号网络图表示方法
1	A、B、C 三项工作同时开始	
2	A、B、C 三项工作同时结束	
3	A 完成后进行 B 和 C	
4	A、B 完成后进行 C	
5	A、B 都完成后进行 C 和 D	
6	A 完成后进行 C A、B 都完成后进行 D	
7	A、B 都完成后进行 D A、B、C 都完成后进行 E D、E 都完成后进行 F	
8	A 完成后进行 C B 完成后进行 E A、B 都完成后进行 D	

3．一般绘图步骤

单代号网络图一般绘图步骤、紧前关系表转换紧后关系表同双代号网络图。

【例3-7】 用表3-10所示关系表绘制单代号网络图。

表3-10 例3-7关系表

工作	A	B	C	D	E	F	G	H
紧后工作	C、D	E	F	G、H	H	G	—	—

解：绘图如图3-14所示。

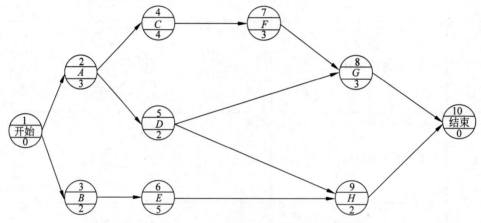

图3-14 单代号网络图绘制举例

流水施工用单代号网络图比双代号网络图简单，如以下举例可以看出这一规律。

【例3-8】 用单代号网络图表示砌墙、抹灰、门窗、涂料4过程，3段流水施工。

解：如图3-15所示。

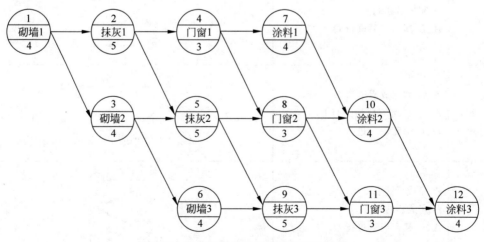

图3-15 流水施工单代号网络图表达举例

3.3.2 单代号网络计划时间参数计算

1. 计算方法概述

CPM 单代号网络图时间参数常用计算法,施工组织课一般要求重点掌握图上计算法、手算。

2. 时间参数及其标注方式

如图 3-16 所示。

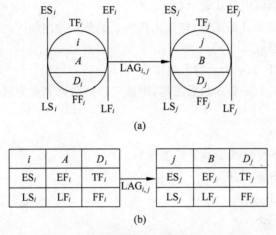

(a)

(b)

图 3-16　单代号网络计划时间参数标注方式

(a)时间参数标注形式一:圆形节点;(b)时间参数标注形式二:方形节点

图中:i,j 为节点编号;A,B 为工作;D_i,D_j 为持续时间;ES_i,ES_j 为最早开始时间;EF_i,EF_j 为最早完成时间;LS_i,LS_j 为最迟开始时间;LF_i,LF_j 为最迟完成时间;TF_i,TF_j 为总时差;FF_i,FF_j 为自由时差;$LAG_{i,j}$ 为间隔时间

3. 时间参数计算规则及关键线路(3 处下划线部分异双代号)

由前往后算:

(1) 开始工作的最早开始时间=0;

(2) 工作的最早完成时间=工作的最早开始时间+工作持续时间;

(3) 工作的最早开始时间=紧前工作最早完成时间取大;

(4) 最后工作的最早完成时间取大=计算工期,记 T_c。

由后往前算:

(1) 最后工作的最迟完成时间=计划工期($\leqslant T_r$,有 T_r;=T_c,无 T_r);

(2) 工作的最迟开始时间=工作的最迟完成时间-工作持续时间;

(3) 工作的最迟完成时间=紧后工作最迟开始时间取小。

算时差、标关键线路:

(1) 工作自由时差=紧后工作最早开始时间取小-本工作最早完成时间;

(2) 最后工作自由时差=计划工期-本工作最早完成时间;

（3）工作总时差＝工作的最迟开始时间－工作的最早开始时间；

（4）相邻工作的时间间隔＝紧后工作最早开始时间－本工作最早完成时间。

关键线路：粗线、双线或彩线。关键线路标准：全为关键工作，且所有 $LAG_{i,j} = 0$ 的线路。

自由时差、总时差还可以有以下计算方法：$FF_i = \min\{LAG_{i,j}\}$，$TF_i = \min\{TF_j + LAG_{i,j}\}$。

证明：$FF_i = \min\{LAG_{i,j}\} = \min\{ES_j - EF_i\} = \min\{ES_j\} - EF_i$（$EF_i$ 唯一）；

$TF_i = \min\{TF_j + LAG_{i,j}\} = \min\{LS_j - ES_j + ES_j - EF_i\} = \min\{LS_j\} - EF_i$（$EF_i$ 唯一）$= LF_i - EF_i$。

同样上述计算规则可用公式表示如下：

（1）$ES_1 = 0$；（1 表示开始工作，即该工作的开始节点为网络图的起点节点）；

（2）$EF_i = ES_i + D_i$；

（3）$ES_j = \max\{EF_h\}$（h 为 j 的紧前工作）；

（4）$T_c = \max\{EF_n\}$（n 表示最后工作，即该工作的结束节点为网络图的终点节点）；

（5）$LF_n = T_p$；

（6）$LS_i = LF_i - D_i$；

（7）$LF_i = \min\{LS_j\}$（j 为 i 的紧后工作）；

（8）$FF_i = \min\{ES_j\} - EF_i$；

（9）$FF_n = T_p - EF_n$；

（10）$TF_i = LS_i - ES_i$；

（11）$LAG_{i,j} = ES_j - EF_i$。

4．单代号网络计划时间参数计算举例

【例 3-9】　用图上计算法计算以下单代号网络计划时间参数，标注关键线路。

解：如图 3-17 所示。

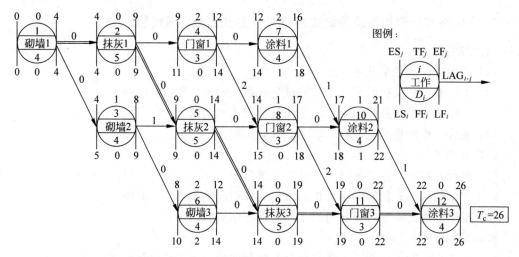

图 3-17　单代号网络计划时间参数图上计算法举例

3.4 双代号时标网络计划

双代号时标网络计划的箭线位置表示工作的进程(开始、结束时刻),箭线长短表示工作持续时间的长短,并可以统计每个时段的资源量,因此,双代号时标网络计划兼有网络图、横道图的优点,但不能代替它们,因为双代号时标网络计划仍属于网络计划所以仍有复杂的特点——尤其对大型网络计划,另外网络计划有时不需要上述时标网络计划的功能,如工期优化时等。

3.4.1 双代号时标网络计划画法

(1)宜按最早时间绘制;

(2)工作的进程(开始、结束时刻)在节点以节点中心为准;

(3)时标网络计划绘于时标计划表(可加注日历,刻度线可不画、少画或轻画);

(4)画图前先画双代号网络计划,然后先算后画或直接画。

按最早时间编制时标网络计划,其时差出现在最早完成时间之后,这就给时差的应用带来了灵活性,并使时差有实际应用的价值。如果按最迟时间绘制时标网络计划,其时差出现在最迟开始时间之前,这种情况下,如果把时差利用了再去完成工作,则工作便再没有利用时差的可能性,使一项本来有时差的工作,因时差用尽、拖到最迟必须开始时才开始,而变成了"关键工作"。所以按最迟时间编制时标网络计划的做法不宜使用。

3.4.2 双代号时标网络计划先算后画

节点据以此节点为开始节点的工作的最早开始时间定位,再画外向箭线持续时间横道、波形线。

3.4.3 双代号时标网络计划直接画

起点节点定位在起始刻度线→画节点的外向箭线持续时间横道→其他节点定位在所有内向箭线横道的最右端,箭线不足部分画波形线。

【例3-10】 把图3-18改绘成时标网络计划。

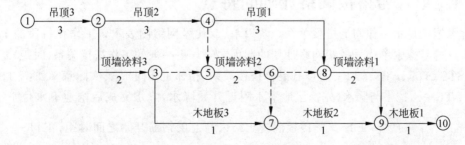

图3-18 例3-10双代号网络计划

解：如图 3-19 所示。

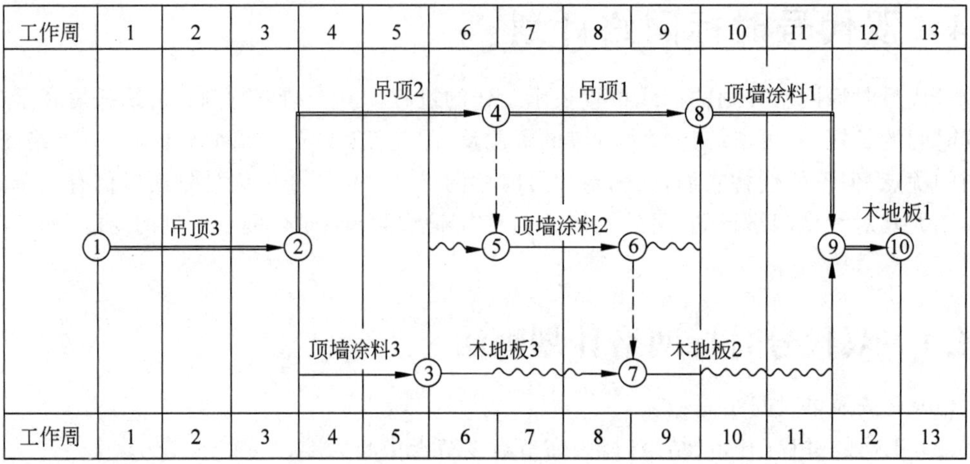

图 3-19　图 3-18 改绘成时标网络计划

3.4.4　关键线路和时间参数的确定

（1）关键线路：自终点节点起，自始至终无波形线的线路；

（2）ES、EF、FF 由图读出。$TF_{j-n} = T_p - EF_{j-n}$，$TF_{i-j} = \min TF_{j-k} + FF_{i-j}$，$LS_{i-j} = TF_{i-j} + ES_{i-j}$，$LF_{i-j} = LS_{i-j} + D_{i-j}$；

（3）证明关键线路标准：$j-n$ 中无波形线者 EF 最大，由 $TF_{j-n} = T_p - EF_{j-n}$ 知其 TF=最小值（为全局最小）；j 后有 $\min TF_{j-k}$（全局最小）、j 前若干工作中无波形线者 FF 最小（=0），由 $TF_{i-j} = \min TF_{j-k} + FF_{i-j}$ 知其 TF=最小值；

（4）证明 $TF_{i-j} = \min TF_{j-k} + FF_{i-j}$：

$$TF_{i-j} = \min TF_{j-k} + FF_{i-j} = \min\{(LS_{j-k} - ES_{j-k})\} + (ES_{j-k} - EF_{i-j})$$
$$= \min\{LS_{j-k}\} - ES_{j-k} + (ES_{j-k} - EF_{i-j}) = LF_{i-j} - EF_{i-j}。$$

3.5　单代号搭接网络计划

3.5.1　单代号搭接网络计划的特点

流水施工显示工作间的搭接关系。若以单、双代号网络图表示每工作在每段的工作则图很大。这是探索单代号搭接网络计划的起因之一。更一般的工作搭接关系（时距）基本有 4 种：STS、STF、FTS、FTF；尚可有混合搭接关系（相邻工作间）；其实际意义如：STS——流水；STF——挖土与降水（先挖至地下水附近开始降水，降水完成后挖地下水位下土，即

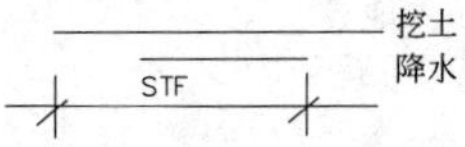

挖土
降水）；FTS——楼板混凝土结束与上层钢筋开始之间时距；FTF——砌墙完成至楼板完成限时距，以尽早开始上层砌墙（又如流水）。

单代号网络图是特殊的单代号搭接网络图：FTS=0。

3.5.2 单代号搭接网络图的绘制

在单代号网络图的绘制规则之外,增加时距。

【例 3-11】 按表 3-11 绘制单代号搭接网络图。

表 3-11 例 3-11 关系表

工作	A	B	C		D		E		F	G		
紧前工作	—	—	A	A	B	C	B	C	D	D	E	F
相邻时距			STS=2	FTF=15	FTS=4	STS=11	FTF=3	FTS=15	FTS=4	STS=10 FTF=5	FTS=3	STS=3

解:如图 3-20 所示。

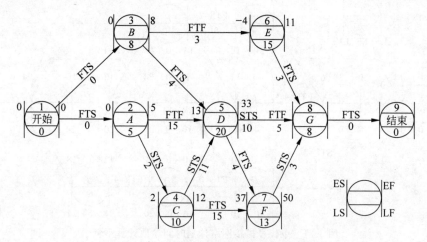

图 3-20 单代号搭接网络图绘制举例

3.5.3 单代号搭接网络计划时间参数计算

1. 计算规则

由前往后算:

(1) 开始工作的最早开始时间=0;

(2) 工作的最早完成时间=工作的最早开始时间+工作持续时间;

(3) 工作的最早时间=紧前工作最早时间+时距(可多个)取大;工作的最早开始时间<0 时,用虚箭线连接本工作与起点节点、STS=0;工作的最早完成时间>T_c 时,用虚箭线连接本工作与终点节点、FTF=0;(可能虚拟节点)(=0、=T_c,正常,如该工作与虚拟节点相连)

(4) 最后工作的最早完成时间取大=计算工期,记 T_c。

算时差、标关键线路:

(1) $LAG_{i,j}$=紧后工作 j 最早时间取定值-由 i 的计算值、取小;

(2) $\mathrm{TF}_n = T_p - \mathrm{EF}_n$；

(3) $\mathrm{TF}_i = \min\{\mathrm{TF}_j + \mathrm{LAG}_{i,j}\}$；

(4) $\mathrm{FF}_n = T_p - \mathrm{EF}_n$；

(5) $\mathrm{FF}_i = \min\{\mathrm{LAG}_{i,j}\}$；

关键工作、关键线路：同单代号网络；

由后往前算：

(1) $\mathrm{LF}_i = \mathrm{EF}_i + \mathrm{TF}_i$；$\mathrm{LF}_i > T_p$，虚箭线连接 i、终点节点，FTF＝0；

(2) $\mathrm{LS}_i = \mathrm{LF}_i - \mathrm{D}_i$。

2. 算例

【例 3-12】 计算以图 3-21 所示单代号搭接网络计划时间参数。

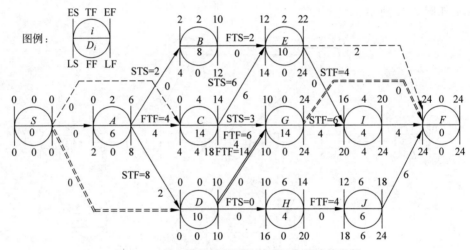

图 3-21　单代号搭接网络计划时间参数计算举例

解：如图 3-21 所示。其中，因为 C 的 ES＝－4＜0，D 的 ES＝－2＜0，所以 C、D 与起始节点用虚线相连并加 STS＝0。因为 G 的 EF 最大，所以 G 与终点节点相连并加 FTF＝0。因为 E 的 $\mathrm{LF} > T_p$，所以 E 与终点节点相连并加 FTF＝0。

3.6　网络计划工期优化

网络计划工期优化，解决计算工期不满足（或大于）要求工期的问题。

3.6.1　工期优化步骤

工期优化步骤如图 3-22 所示。

其中，

"能否压缩"：一条关键线上所有关键工作的持续时间都达到最短，则不能压缩；

"修正"：改变施工方案或要求工期；

"选工作"：

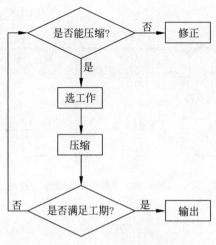

图 3-22　工期优化步骤

(1) 关键线路的关键工作;

(2) 压缩对质量、安全影响不大;

(3) 有备用资源;

(4) 增加费用少(对多条关键线为组合费用率)。

优先选择系数综合考虑上述各选择标准,数小优先;对多条关键线对应组合优先选择系数。不能压缩工作的优先选择系数=∞。

"压缩":在本工作的时限内,同时被压缩工作不能成为非关键工作(做法1:压缩量参考平行工作的 TF,≤平行工作的 TF;做法 2:平行工作难以找到,则尝试压缩量)。

3.6.2　工期优化举例

【例 3-13】　网络计划如图 3-23 所示,工作名称后为优先选择系数,箭线下时间为正常时间(最短时间),要求工期 15d。要求工期优化。

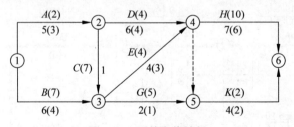

图 3-23　原始网络计划

解:原始网络计划时间参数计算及关键线路标注如图 3-24 所示。其中 FF 对工期优化没有用,就没计算。

关键线路有一条,是 1-2-4-6,不是所有关键工作的持续时间都达到最短,则能压缩。关键线路上工作 A 的优先选择系数最小,选择 A 进行压缩。其中,A 可以缩短的时间限制是 2,A 的平行线路有 1-3-4,而 1-3-4 线路上 TF=1,所以 1-2 压缩 1,得图 3-25。

第一次压缩后的网络计划原来的关键工作仍为关键工作,所以第一次压缩可行。第一

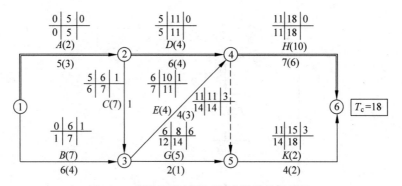

图 3-24　原始网络计划时间参数及关键线路

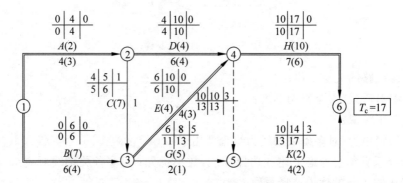

图 3-25　第一次压缩后的网络计划

次压缩后的网络计划有两条关键线路，是 1-2-4-6、1-3-4-6，现在有 5 个压缩方案（组合优先系数）：压缩 A、B（2＋7＝9）；压缩 A、E（6）；压缩 D、B（11）；压缩 D、E（8）；压缩 H（10）。A、E 的组合优先系数小，所以选择压缩 A、E。A、E 可以缩短的时间限制分别是 1、1，A、E 的平行线路有 1-2-4，而 1-2-4 线路上 $TF_{2-3}=1$，所以 A、E 各压缩 1，得图 3-26（A、E 到达最短持续时间，优先系数变为∞）。

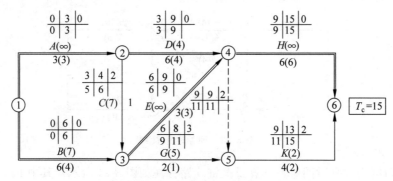

图 3-26　第二次压缩后的网络计划

第二次压缩后的网络计划原来的关键工作仍为关键工作，所以第二次压缩可行。第二次压缩后的网络计划有两条关键线路，是 1-2-4-6、1-3-4-6，继续压缩有 2 个压缩方案（组合优先系数）：压缩 D、B（11），压缩 H（10）。H 的组合优先系数小，所以选择压缩 H。H 可以缩短的时间限制是 1，H 的平行线路有 2-5-6，而 2-5-6 线路上 $\mathrm{TF}_{5\text{-}6}=3$，所以 H 压缩 1，得图 3-27（H 到达最短持续时间，优先系数变为 ∞）。

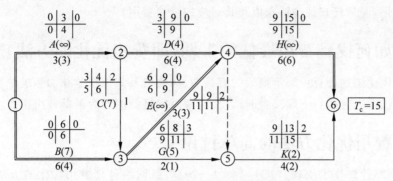

图 3-27　第三次压缩后的网络计划

第三次压缩后网络计划原来的关键工作仍为关键工作，所以第三次压缩可行。第三次压缩后网络计划已经压缩到要求工期 15d，可以停止优化。不过，第三次压缩后网络计划有两条关键线路，是 1-2-4-6、1-3-4-6，压缩尚可进行，最后达到最短工期 13d（本书略）。

3.7　网络计划费用优化

费用优化是求费用最低的工期，其中费用指直接费、间接费、工期变化带来的其他损益（包括效益增量和资金的时间价值）。又因为直接费、间接费是费用的绝大部分，所以费用优化往往只针对直接费、间接费进行优化，即找到直接费与间接费之和最低的工期。

3.7.1　为什么存在费用最低的工期

因为加班效率下降、使用非熟练工人、增加照明费等，直接费随持续时间由正常时间缩短而不成比例增加，并不是 1d 干 2d 的活拿 2d 的工资，而是 1d 干 2d 的活拿超过 2d 的工资。间接费与工期成正比。因而有最低费用工期，如图 3-28 所示。

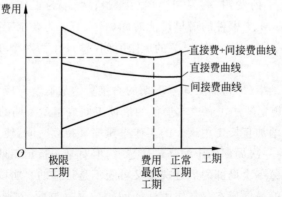

图 3-28　费用（直接费＋间接费）与工期的关系曲线

费用率＝（工作最短时间的直接费－工作正常时间的直接费）/（工作正常时间－工作最短时间）；认为直接费用随工期呈曲线变化；另有非连续变化情况（即某些工作的持续时间不是连续变化，而是只有某些特殊值及其对应的直接费用）。

3.7.2   如何找到费用最低的工期（即费用优化的方法）

比工期优化增加计算压缩工期后的直接费、间接费及其他损益并加和求总费用，得最低费用工期。仅考虑直接费＋间接费时，直接费率＞间接费率即为最低费用拐点。

3.7.3   费用优化方法的简单讨论

《工程网络计划技术规程》（JGJ/T 121—2015）解网络计划费用优化的方法，是由计划工作正常时间逐次选取增加直接费用最少的工作来压缩其持续时间，使工期缩短的代价最小，同时再考虑缩短工期所带来的间接费节约或工程提前投产效益，根据所费与所得相抵后的净效果来确定成本最低的最佳工期或指定工期的最低成本。当然，更一般意义的费用优化应是先求出不同工期下最低直接费，然后考虑相应的间接费的影响和工期变化带来的其他损益，最后再通过叠加求最低总成本及其对应工期。

网络计划费用优化的方法有多种，如直观判断法、流量法（又称最大流最小割法）、线性规划解法、标记法等。其中，流量法得到工期缩短而代价最小的过程为：逐次选取增加直接费用最小的工作来压缩其持续时间，如可能工期或指定工期为 20d，流量法可能经过 30d—25d—20d 共两次压缩。流量法是逐次选取增加直接费用（或组合费用率）最小的工作的方法之一；《工程网络计划技术规程》解网络计划费用优化，即为此方法。而线性规划解法得到工期缩短而代价最小的过程则不然，解如下模型即可一次得到：

$$\max s = \sum_i \sum_j c_{i-j} t_{i-j}$$

$$\text{st.} \begin{cases} d_{i-j} \leqslant t_{i-j} \leqslant D_{i-j} \\ T_i + t_{i-j} - T_j \leqslant 0 \\ T_n - T_1 \leqslant T_P \end{cases}$$

式中，c_{i-j} 为工作 $i-j$ 的费用率（元/日）（直接费）；t_{i-j} 为工作 $i-j$ 的持续时间（日）；T_i、T_j、T_n、T_1 为 i、j、n、1 事件的最早可能时间（日）；T_P 为要求工期（日）；D_{i-j} 为工作 $i-j$ 的正常时间（日）；d_{i-j} 为工作 $i-j$ 的压限时间（日）；s 为两个 T_n 不同的网络总直接费之差（元）。

上述两法得到的结果（即得到某同一工期的直接费增加额及对应各工作的时间）可能不同。顺便指出：线性规划解法也有成本最低的最佳工期或指定工期的最低成本模型。

流量法逐次选取增加直接费用最少的工作来压缩其持续时间，使工期缩短的代价最小，一方面来说，这对于每一次局部的压缩是最佳选择，但对某一指定工期通过若干次压缩而达到这个整体目标来说每一次局部的最佳选择又可能不是最佳的。所以流量法求成本最低的最佳工期或指定工期的最低成本存在原则性的问题。另一方面，对某一通过若干次压缩而达到的工期，由流量法找到的各次最佳压缩对应的最小工期缩短代价之和，又可能是接近被认为是整体目标最佳的线性规划解法。

【例 3-14】 初始网络计划如图 3-29 所示，工作的参数 $(d_{i-j}, D_{i-j}, c_{i-j})$ 含义如上述。流量法得到的最低直接费增加 1000 元＋1200 元＝2200 元（图 3-30）。

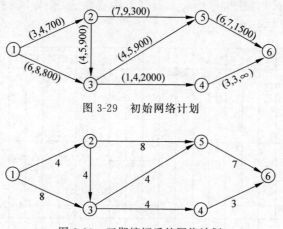

图 3-29　初始网络计划

图 3-30　工期缩短后的网络计划

线性规划解如表 3-12 所示，与流量法结果不同。

表 3-12　费用优化的线性规划解与流量法解比较

方法	T_P	t_{1-2}	t_{1-3}	t_{2-3}	t_{2-5}	t_{3-5}	t_{3-4}	t_{5-6}	t_{4-6}	总直接费增加
流法	22	4	8	6	9	5	4	7	3	0
线法	22	4	8	6	9	5	4	7	3	0
流法	20	4	8	4	9	5	4	7	3	1000
线法	20	4	8	4	9	5	4	7	3	1000
流法	19	4	8	4	8	4	4	7	3	2200
线法	19	3	8	5	9	4	4	7	3	2100

注：流法——流量法；线法——线性规划解法；总直接费增加——以 $T_P = 22$ 的网络的总直接费为基数；其余符号意义同上。

3.8　网络计划资源优化

网络计划资源优化又分为两种：资源有限-工期最短优化、工期固定-资源均衡优化。

3.8.1　资源有限-工期最短优化

1. 原理

在资源超限时段，工作 $i-j$ 安排在工作 $m-n$ 之后的工期延长值为 $\mathrm{EF}_{m-n} - \mathrm{LS}_{i-j}$，取最小延长值对应的安排。要得到 $\mathrm{EF}_{m-n} - \mathrm{LS}_{i-j}$ 最小值，可选 EF_{m-n} 最小、LS_{i-j} 最大；若 EF_{m-n} 最小、LS_{i-j} 最大同属一个工作时选次最小、次最大交叉组合。

资源有限-工期最短优化可能为多轮优化，也可能不能优化，如某时段只有一项工作但资源超限，则资源有限-工期最短优化无解。

2．举例

【例 3-15】　网络计划如图 3-31 所示,箭线上为资源量,箭线下为持时,资源限量 9,要求进行资源有限-工期最短优化。

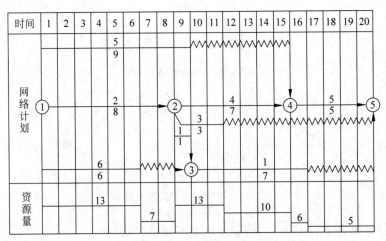

图 3-31　资源有限-工期最短优化原始网络

解：1～6 时段超限,涉及工作 1-4、1-2、1-3,其 EF、LS 如表 3-13 所示：

表 3-13　资源超限时段涉及工作的 EF、LS

$i-j$	EF	LS
1-4	9	6
1-2	8	0
1-3	6	7

EF_{m-n} 最小、LS_{i-j} 最大,同属一个工作 1-3,选次最小、次最大交叉组合：$EF_{1-2}-LS_{1-3}=8-7=1$,$EF_{1-3}-LS_{1-4}=6-6=0$,选择 1-4 安排到 1-3 后,如图 3-32 所示。经过一轮推迟形成新的网络,被推迟的工作有了新的 ES、EF、FF,成为下一轮推迟的基础。

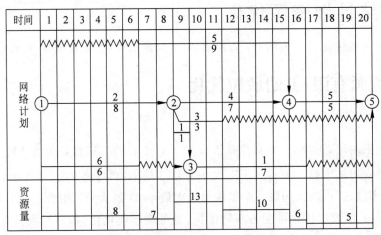

图 3-32　经过一轮推迟形成的新网络

优化最后结果如图 3-33 所示。

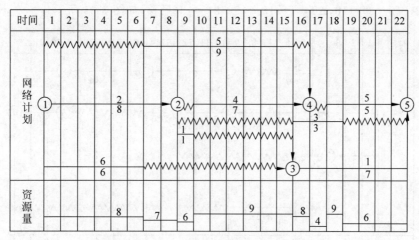

图 3-33　资源有限-工期最短优化的最后结果

3.8.2　工期固定-资源均衡优化(削高峰法)

1. 原理

在资源高峰时段,优先后移剩余移机动范围大且满足削峰目标的工作(削峰目标＝最大值－1,目标不断变化;削峰目标按尽可能均衡掌握),其中剩余移机动范围 $\Delta T_{i-j} = \mathrm{TF}_{i-j} - (T_h - \mathrm{ES}_{i-j})(=\mathrm{LS}_{i-j} - T_h)$,$T_h$——高峰时段的最后时刻。$\Delta T_{i-j} < 0$ 时停止优化。

优化为尽可能均衡;也可能不能优化。ES_{i-j} 随调整而变。最优结果可能为停止优化前的某步结果(如停止优化时,进一步的优化目标不能达到)。

2. 举例

【例 3-16】　图 3-34 网络计划中箭线上为资源量,箭线下为工作持续时间(TF),要求进行工期固定-资源均衡优化。

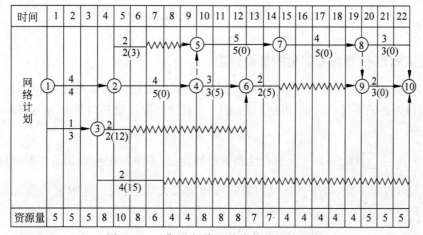

图 3-34　工期固定-资源均衡优化原始网络

解：第 5 天资源高峰 10 降为 9；$\Delta T_{2-5}=3-(5-4)=2$，$\Delta T_{2-4}=0-(5-4)=-1$，$\Delta T_{3-6}=12-(5-3)=10$，$\Delta T_{3-10}=15-(5-3)=13$（后移，如图 3-35 所示）：

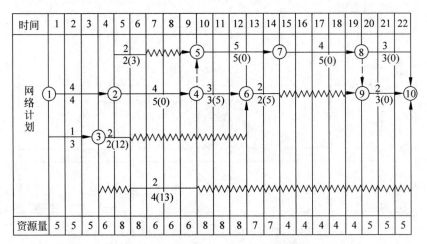

图 3-35　经过一轮推迟形成的新网络

优化最后结果如图 3-36 所示。

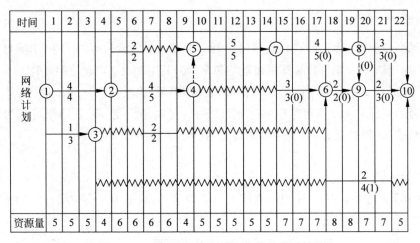

图 3-36　工期固定-资源均衡优化的最后结果

3. 工期固定-资源均衡优化的简单讨论

使用上述方法进行工期固定-资源均衡优化时，可能出现左移某些工作得到的目标更优良，如上例得到的最终优化结果，再把工作 3-10 左移到资源量较低时段如 9-12，得图 3-37，资源更加均衡。

方差 $\sigma^2 = \dfrac{1}{T}\sum_1^T (R_t - R_m)^2$ 小不代表资源均衡（方差小与山包形状的资源规律不符，但资源大起大落肯定不好，而手算法可以消除资源大起大落，实现一定程度的资源优化）。方差法通过工作左、右移动和移动不同时间长度，手算工作量很大。

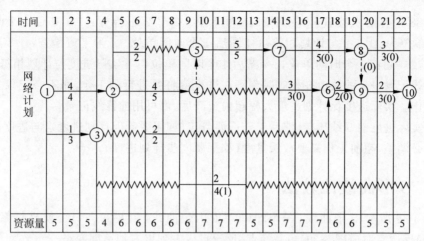

图 3-37　削高峰法工期固定-资源均衡优化结果的改进

3.9　网络计划检查和调整

　　网络计划的检查可以使用实际进度前锋线比较法、S形曲线比较法、香蕉形曲线比较法、列表比较法,检查实际进度和计划进度的差异,然后根据偏差情况决定是否采取调整措施以及如何调整。

3.9.1　实际进度前锋线比较法

　　在时标网络计划,实际进度前锋线是连接实际进度前锋点的点划线,前锋点按尚需作业天数距计划完成时刻距离画。前锋线与检查时刻刻度线比较出实际进度比计划进度(完成,不计速度)的快、慢,前锋线在刻度线以左为实际进度比计划进度慢,前锋线在刻度线上为实际进度与计划进度相符,前锋线在刻度线以右为实际进度比计划进度快。前锋线为记录方式,可用于进度比较,如图3-38所示。

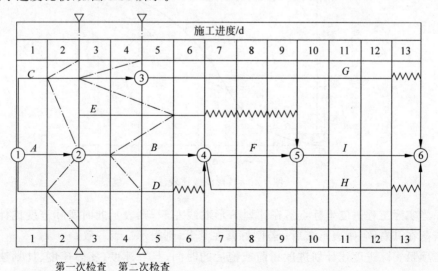

图 3-38　实际进度前锋线比较举例

图 3-38 中有两次检查：2 号下班、4 号下班。2 号下班检查：1-3 滞后 1 个时间单位（图 3-38 单位为 d），1-2 与计划相符，1-4 滞后 1 个时间单位。4 号下班检查：1-3 滞后 2 个时间单位，2-5 超前 1 个时间单位，2-4 滞后 1 个时间单位，1-4 实际进度与计划相符。

前锋线记录一条线路上在检查时刻正在进行或将要进行的工作，而不必记录这个工作之前的工作。实际进度比计划进度大幅超前或滞后，都可用前锋线记录。

通过实际进度前锋线比较，滞后工作需要赶工（如果要赶上计划进度），与进度计划相符的工作不必调整，超前工作需要放缓进度（如果要同步计划进度）。

3.9.2　S 形曲线比较法

如图 3-39 所示，S 形曲线（图 3-39(b)）由山包曲线（图 3-39(a)）变换坐标系而形成。图 3-39(b) 反弯点对应图 3-39(a) 高峰点，反弯点以左到以右加速度变小。

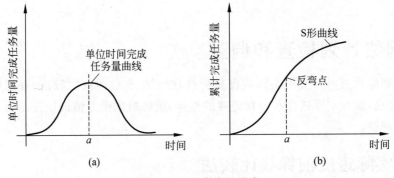

图 3-39　S 形曲线的形成

计划 S 形曲线与实际 S 形曲线画在同一幅图上（图 3-40），比较两条 S 形曲线可以得到如下信息：

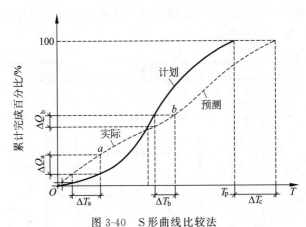

图 3-40　S 形曲线比较法

（1）当实际工程进度坐标点落在计划 S 形曲线左侧，则表示此时实际进度比计划进度超前；若落在其右侧，则表示滞后；若刚好落在其上，则表示二者一致；

（2）项目实际进度比计划进度超前或拖后的时间，与二速度（实际速度、计划速度）、工程量有关；

（3）后期工程按原计划速度进行，则预测工期拖延预测值为 ΔT_c，与二速度有关；

（4）项目实际进度比计划进度超额或拖欠的任务量或工程量。

通过比较得出实际进度与计划进度的关系后的调整及其是否调整，同上述实际进度前锋线比较法一致，见 3.9.1 节。

3.9.3 香蕉形曲线比较法

两极端计划（单、双代号）对应 ES 曲线、LS 曲线。两极端计划的开始时刻和完成时刻相同（设 $T_p = T_c$，则 LF $= T_c =$ 关键工作的 EF，关键工作的 ES $=$ LS），因此两条曲线是闭合的，形成香蕉形曲线如图 3-41 所示（又像芒果），ES 曲线上的各点均应落在 LS 曲线相应点的左侧。

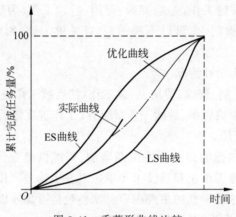

图 3-41 香蕉形曲线比较

一般情况，实际进度线应落在该香蕉形曲线的区域内（工作关系、工作持续时间正常）；否则就是实际进度太超前，或太滞后，后续工作正常进行则工期拖延。工作前紧后松，工期可以不变。

通过比较得出实际进度与计划进度的关系后的调整及其是否调整，同上述实际进度前锋线比较法一致，见 3.9.1 节。

3.9.4 列表比较法

以图 3-38 网络计划为例，网络计划检查分析的项目如表 3-14 所示。

表 3-14 网络计划检查分析表（4d 末*检查）

工作*名称	检查时尚需天数	计划最迟完成时间*	原有总时差	尚有总时差	情况判断
①	②	③	④	⑤＝③－（检查时刻＋②）	⑥
C	2	5	1	−1	影响工期 1d
E	1	9	3	4	正常＝不影响工期
B	3	6	0	−1	影响工期 1d
D	1	6	1	1	正常＝不影响工期

注：工作*包括正在进行或刚结束、刚开始的工作，而线路上再往前或再往后的工作不必分析。

　　"天末"与"完成时间"同义。

总时差、LS、LF 与工期 T_p 相关，但工作影响工期的数量不一定加和，如表 3-14 中 B、C 使工期延长 1d。

通过比较得出实际进度与计划进度的关系后的调整及其是否调整，同上述实际进度前锋线比较法一致，见 3.9.1 节。

3.9.5　网络计划执行偏差的分析调整

某一工作执行的偏差，一般分为进度正常（无偏差）、进度超前、进度滞后 3 种情况，影响工期、资源（包括资源供应、资源均衡优化、资源超限优化）、费用（费用优化）、后续工作（含紧后工作）等基本方面。

（1）进度正常，即实际进度与计划进度相符，不需要调整。

（2）进度超前，对非关键工作，影响资源、费用、后续工作（为后续工作提供了提前的条件，但后续工作可以选择提前，也可以不提前）；对关键工作，影响工期、资源、费用、后续工作。

（3）进度滞后，又分为 3 种情况：

① 偏差＞TF，影响工期、资源、费用、后续工作（使后续工作进度滞后）；

② FF＜偏差≤TF，影响资源、后续工作（使后续工作进度滞后）；

③ 偏差≤FF，影响资源。

总体而言，某一工作执行的偏差会使工期增加、资源供应变化、资源均衡改变、资源超限、费用增加，带来甲方、施工单位和后续工作单位对发生偏差工作承担单位的索赔，未进行部分工程需要重新优化（这是调整的主要内容。调整包括可加速以减少影响）。预测某一工作执行的偏差影响使其不发生，是比调整更积极的做法。

在进度滞后的分析中用到两条规律：①对双代号网络计划和 $T_p = T_c$，$TF_{i-j} \geqslant FF_{i-j}$；②对双代号网络计划和 $T_p = T_c$，$LS_{j-k} \geqslant ES_{j-k}$，以下分别证明：

证明①：$FF_{i-j} = ES_{j-k} - EF_{i-j}$（对双代号网络计划）

$$TF_{i-j} = LS_{i-j} - ES_{i-j} = LF_{i-j} - EF_{i-j} = \min\{LS_{j-k}\} - EF_{i-j}$$

对 $T_p = T_c$，$LS_{j-k} \geqslant ES_{j-k}$，即 $\min\{LS_{j-k}\} \geqslant ES_{j-k}$。

证明②：$LF_{j-n} = T_p = T_c$，$\max EF_{j-n} = T_c$，所以 $LF_{j-n} \geqslant EF_{j-n}$，即 $LS_{j-n} \geqslant ES_{j-n}$，$\min LS_{j-n} \geqslant ES_{j-n}$。对某一个 j，$LF_{i-j} = \min LS_{j-n}$，$ES_{j-n} = \max EF_{i-j}$，则 $LF_{i-j} \geqslant \max EF_{i-j}$，即 $LF_{i-j} \geqslant EF_{i-j}$，$LS_{i-j} \geqslant ES_{i-j}$。

3.10　网络计划电算

网络计划时间参数计算、优化以及实施期间的进度管理都需要大量的重复计算，而电子计算机的普及应用为解决这一问题创造了有利条件，使得网络计划电算在企业中应用成为可能。本节主要介绍在计算机上实现网络计划电算的基本方法。

网络计划电算程序同其他的电算程序相比有计算过程简单、数据变量较多的特点，它介于计算程序和数据处理程序之间。

3.10.1 建立数据文件

一个网络计划是由许多工作组成的,一个工作又有若干个数据,所以网络计划的时间参数计算过程很大程度是在数据处理,为了计算上的方便,也为了便于数据的检查,有必要建立数据文件,数据文件就是用来存放原始数据的。

为了使用上的方便,建立数据文件的程序时,不但要考虑到学过计算机语言的人使用,也要考虑到没学过计算机语言的人使用,可以利用人机对话的优点,进行一问一答的交换信息。这个过程实现起来并不复杂。其程序框图如图 3-42 所示。

3.10.2 计算程序

网络时间参数计算程序的关键就是确定其计算公式。尽管网络时间参数较多,但其关键的两个节点参数 ET_i、LT_i 确定之后,其余参数都可据此算出(此算法为按节点计算法)。

$ET_1 = 0$(1 为网络计划的起点节点);

$ET_j = \max\{ET_i + D_{i-j}\}$;

$T_c = ET_n$(n 为网络计划的终点节点);

$LT_n = T_p$;

$LT_i = \min\{LT_j - D_{i-j}\}$;以上为计算节点参数的公式。

$ES_{i-j} = ET_i$;

$LF_{i-j} = LT_j$;其他参数容易得到。

根据 $ET_j = \max\{ET_i + D_{i-j}\}$ 得到:如果 $ET_i + D_{i-j} > ET_j$,则令 $ET_j = ET_i + D_{i-j}$。此即为利用计算机进行计算的迭加公式。由于计算机不能直观地进行比较,必须依节点顺序依次计算比较,故在进行参数计算之前要对所有工作按其前节点、后节点的顺序进行自然排序。所谓工作的自然排序就是按工作前节点的编号从小到大,当前节点相同时按后节点的编号从小到大进行排列的过程。计算 ET_j 的框图如图 3-43 所示。

同样可以得到 LT_i 的计算公式:如果 $LT_j - D_{i-j} < LT_i$,则令 $LT_j - D_{i-j} = LT_i$,框图如图 3-44 所示。

从上述可以看出,在迭代过程中,ET_j 值不断增大,LT_i 值不断减少。故开始计算时,对所有节点的 ET 值赋初值 $=0$;所有节点的 LT 初值都要赋予一个较大的值 $=LT_n$。

网络计划时间参数计算的全过程框图如图 3-45 所示。

图 3-42 建立数据文件框图

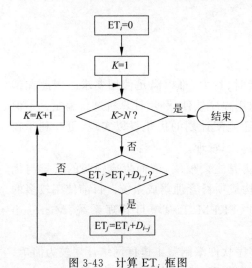

图 3-43 计算 ET_j 框图

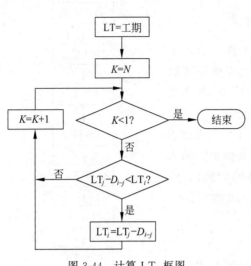

图 3-44　计算 LT_i 框图

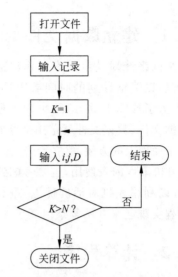

图 3-45　网络计划时间参数计算的全过程框图

3.10.3　输出部分

计算结果的输出也是程序设计的主要部分。输出形式一种是采用横道图形式,另一种是直接用表格形式。用 TAB 或 PRINT USING 语句控制打印位置、换行的位置,如表 3-15 所示。

表 3-15　输出格式

i	j	D	ES	EF	LS	LF	FF	TF	CP

注:关键工作可以标记!

3.10.4　网络计划软件简介

网络计划的编制、调整较为繁琐。手工作图费时、费力,难以满足使用要求。因此在编制施工网络计划时,最好使用工程项目计划管理应用程序软件,利用计算机进行编制。不但可大大加快编制速度,提高计划图表的表现效果,还能使计划的优化得以实现,更有利于在计划的执行过程中进行控制与调整,以实现计划的动态管理。

大量工程项目管理软件往往以项目计划管理为其主要模块,进而生成资源的安排与优化、质量控制、投资(成本)控制、合同管理等模块,构成项目管理集成系统。目前使用较多的项目计划管理软件有广联达斑马进度计划软件、PKPM 工程项目管理系统、Microsoft Project 等。

在熟悉了网络计划基本理论后,使用计算机程序软件编制施工进度网络计划较为简单。大多程序可用鼠标直接绘图,且只要绘制出某一种网络图,通过鼠标单击即可转换成其他形式的网络计划或横道图计划。在绘图时输入各施工过程所需资源量,即能生成整个工程的资源需要量曲线,在有资源等限量时,可得到资源、成本等优化的进度计划。在工程进行过程中,若某些施工过程出现超前或滞后,可及时调整网络计划,使其能继续起到控制工程的作用,即实现动态的过程管理。

3.10.5　基于蒙特卡罗方法的网络计划电算简介

蒙特卡罗方法由计算机产生伪随机数而生成试验点,根据约束条件找到优化解,据此编制 C 语言程序,可以成功求解网络计划的工期固定-资源均衡优化、资源有限-工期最短优化和资源有限-工期最短-资源均衡优化,并给出蒙特卡罗方法得到最优解的概率。算例结果表明:相同条件下,基于蒙特卡罗方法的工期固定-资源均衡优化方案资源方差较粒子群算法小,基于蒙特卡罗方法的资源有限-工期最短优化方案工期较遗传算法短,基于蒙特卡罗方法的资源有限-工期最短-资源均衡优化方案工期较遗传算法短。

1. 网络计划工期和总时差的求解思路及其 C 语言程序

按照网络计划绘图规则,双代号网络计划的工作满足前节点的序号小于后节点的序号。借助计算机求解双代号网络计划 ES、EF 的思路是:第一步,计算机检索出前节点序号为规定序号 1 的工作(网络计划开始工作),计算出该工作相应的 ES(最早开始时间数组记为 ES[])、EF(最早完成时间记为 EF[]);第二步,记录前节点"1"的后节点(可能有多个);第三步,以第二步的后节点为前节点,检索出相应的后节点(可能有多个),把经过 ES、EF 计算的工作记为后节点号等于前节点号,从而得到各个工作的 ES、EF。设 biao1[]、biao2[]、biao3[]分别为前节点数组、后节点数组、工作持续时间数组,max 为紧前工作最早完成时间的最大值,N 为网络计划工作总数,TC 为网络计划计算工期,则求解双代号网络计划 ES、EF、TC 的 C 语言程序如下:

```
for(i = 0;i <= N − 1;i++){
    for(j = 0;j <= N − 1;j++){
        for(k = 0;k <= N − 1;k++){
            if(biao1[k] == biao2[k]&&biao1[k] == i + 1){
                if(max <= EF[k]){max = EF[k];}}
                }
            if(biao1[j] == i + 1&&biao1[j]< biao2[j]){
                EF[j] = max + biao3[j];ES[j] = max;biao1[j] = biao2[j];}
                }max = 0;
            }
for(i = 0;i <= N − 1;i++){if(TC <= EF[i]){TC = EF[i];}}
```

工作最迟开始时间 LS、最迟完成时间 LF 的计算过程与计算最早开始时间 ES、最早完成时间 EF 完全相反,从所有工作的最大后节点序列号开始。某一工作的紧后工作可能有多个,工作的最迟完成时间为紧后工作最迟开始时间取小。令 biao4[i]=biao1[i]、biao5[i]=biao2[i],记 min 为紧后工作最迟开始时间的最小值,fan[]为工作总时差数组,求解双代号网络计划 LS、LF、fan[]的 C 语言程序如下:

```
for(i = N − 1;i >= 0;i−− ){
    for(j = 0;j <= N − 1;j++){
```

```
for(k = 0;k < = N - 1;k++){
    if(biao5[k] == biao4[k]&&biao5[k] == i + 1){
        if(min > = LS[k]){min = LS[k];}}
    }
    if(biao5[j] == i + 1&&biao4[j] < biao5[j]){
        IF[j] = min;LS[j] = min - biao3[j];
            biao5[j] = biao4[j];}
        }min = TC;
    }
for(j = 0;j < = N - 1;j++){fan[j] = LS[j] - ES[j];}
```

2. 基于蒙特卡罗方法的资源优化基本思路

设网络计划所有工作 A_1、A_2、A_3、$\cdots$、A_n 的总时差分别为 X_1、X_2、X_3、$\cdots$、X_n。网络计划所有工作(包括虚工作)的开始时间可以在总时差内变化,从而得到工作开始时间的优化可能解组合,如工作 A_1 可以在 $0\sim X_1$ 内延迟工作开始时间,则 A_1 工作的开始时间共有 $X_1 + 1$ 种情况;其他工作也类似,分别有 $X_2 + 1$、$X_3 + 1$、$\cdots$、$X_n + 1$ 种情况。所以,工作开始时间的优化可能解组合数 $N = (X_1 + 1) \times (X_2 + 1) \times (X_3 + 1) \times \cdots \times (X_n + 1)$。

在 C 语言中,遍历所有组合通常用 for 循环嵌套,但事先都应是确定了的循环嵌套数,而在通用的资源优化程序,考虑工作总数较多且不确定,不便建立多重循环。而采用随机函数 rand()%(fan[j]+1)则可以产生上述所有组合(其中 fan[j]是工作 j 的总时差)。

优化可能解数为 N,选取远大于 N 的循环次数 M,而每次循环等概率地随机选取优化可能解中的任意一个解,每次循环选取相互独立,则找到最优解组合的概率大于等于 $1 -$ $[(N-1)/(N)]M$。概率大于该概率值的情况是:有多个相同的最优解;等于该概率值的情况是:有且只有一种最优解。所以,只要 M 足够大且在运算能力允许的情况下,得到最优解的概率就足够大。

蒙特卡罗方法是数值计算方法,原理是利用随机数来解决计算问题,属于随机算法,与确定性算法对应,一般认为得到的解是近似解。但由本文的上述分析可以知道:基于蒙特卡罗方法的资源优化可以知道优化解是最优解的概率,并在运算能力允许的情况下可以使优化解是最优解的概率足够大。遗传算法、粒子群算法是随机近似算法,是仿生智能算法。遗传算法中称遗传的生物体为个体,个体对环境的适应程度用适应值表示。适应值取决于个体的染色体,在算法中染色体常用一串数字表示,数字串中的一位对应一个基因。一定数量的个体组成一个群体。对所有个体进行选择、交叉和变异等操作,生成新的群体,称为新一代。遗传算法生成新一代优化解种群依据的三个算子的实现参数选择,大部分依靠经验,并且这些参数的选择严重影响解的品质。粒子群算法的一群随机粒子(随机解)通过迭代找到最优解,在每一次迭代中,粒子通过跟踪两个"极值"来更新自己。第一个就是粒子本身所找到的最优解,这个解叫作个体极值 gBest,另一个极值是整个种群目前找到的最优解,这个极值是全局极值 gBest。粒子群算法在资源优化迭代中选择的惯性权重、加速度常数合适与否,直接影响资源优化结果,仍需要研究。因此,在网络计划资源优化方面,且在运算能力允许的情况下,蒙特卡罗方法优于遗传算法、粒子群算法。

在网络计划资源优化过程中,每一个工作开始时间的优化可能解组合的工期,可以用工期函数求解;每一个工作开始时间的优化可能解组合的资源情况,可以用资源统计数组求解。

3. 基于蒙特卡罗方法的工期固定-资源均衡优化

基于蒙特卡罗方法的工期固定-资源均衡优化程序框图如图 3-46 所示。

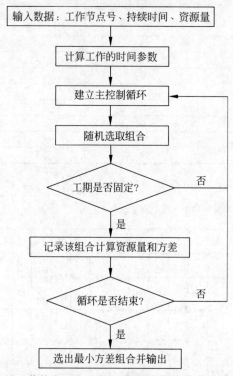

图 3-46　基于蒙特卡罗方法的工期固定-资源均衡优化程序框图

基于蒙特卡罗方法的工期固定-资源均衡优化算例原始网络计划如图 3-47 所示；工期固定在 14、17 的优化结果如表 3-16 和图 3-48 所示，得到的优化解为最优解的概率 $P_{10\,000\,000} \geqslant 1 - (1279/1280)^{10\,000\,000} \approx 1$。

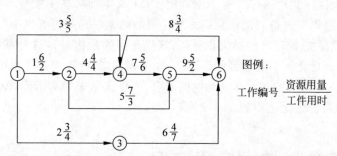

图 3-47　基于蒙特卡罗方法的工期固定-资源均衡优化原始网络计划

工期固定-资源均衡优化算例结果表明：第一，对于相同的工期固定-资源均衡优化原始网络计划，当工期固定在 14 时（本文及文献[6]），蒙特卡罗方法与粒子群算法的工期固定-资源均衡优化方案（对应网络计划各工作的开始时间，以下相同）不同，优化方案的资源方差相同；当工期固定在 17 时（本文及文献[5]），蒙特卡罗方法与粒子群算法的工期固定-资源均衡优化方案不同，基于蒙特卡罗方法的优化方案资源方差（1.42）小于基于粒子群算法的

表 3-16 工期固定-资源均衡优化算例的蒙特卡罗方法和粒子群算法结果对比

工作	文献[5]粒子群算法	文献[6]粒子群算法	工期 17 蒙特卡罗方法	工期 14 蒙特卡罗方法
1	1	1	1	1
2	6	3	1	3
3	1	1	3	1
4	3	3	3	3
5	13	6	7	6
6	11	8	11	8
7	7	7	10	7
8	7	9	8	10
9	16	13	16	13
工期	17	14	17	14
资源方差	1.59	2.84	1.42	2.84
得解概率	—	—	75%	100%

注：各方法对应列为工作开始时间。方差的计算公式为 $\sigma^2 = \left(\sum_{i=1}^{J} (x_i - \mu)^2 \right) \Big/ J$（其中样本 x_i 的总数为 J，x_i 的算数平均值为 μ）。方差最小的方案资源均衡。

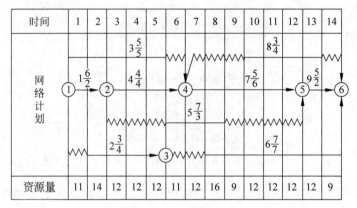

图 3-48 基于蒙特卡罗方法的工期固定-资源均衡优化结果的时标网络计划（图例同图 3-47）

优化方案资源方差（1.59）。第二，当工期固定于 14 或 17 时，基于蒙特卡罗方法的工期固定-资源均衡优化可以知道得到的优化解为最优解的概率（简称"得解概率"，以下相同）分别是 100%、75%（提高概率 75% 的结果也证明，该优化解为最优解），这是基于粒子群算法的工期固定-资源均衡优化所不能做到的。第三，在工期固定-资源均衡优化中，蒙特卡罗方法还可以得到资源方差最大的各工作开始时间组合，尽管该结果的实用价值不大，但有一定的理论价值，即粒子群算法无法得到。

3.11 网络计划技术应用实例

工程实际应用网络计划技术，可以按照由粗到细的程序编制网络计划，即由总体粗线条网络计划逐步细化编制单位工程、分部分项工程的网络计划，粗细网络计划通过节点关系形成嵌套结构。某综合楼施工总体网络计划如图 3-49 所示，某框架结构主体工程标准层施工网络计划如图 3-50 所示，某建筑装饰工程施工网络计划如图 3-51 所示，某多级网络计划如图 3-52 所示。

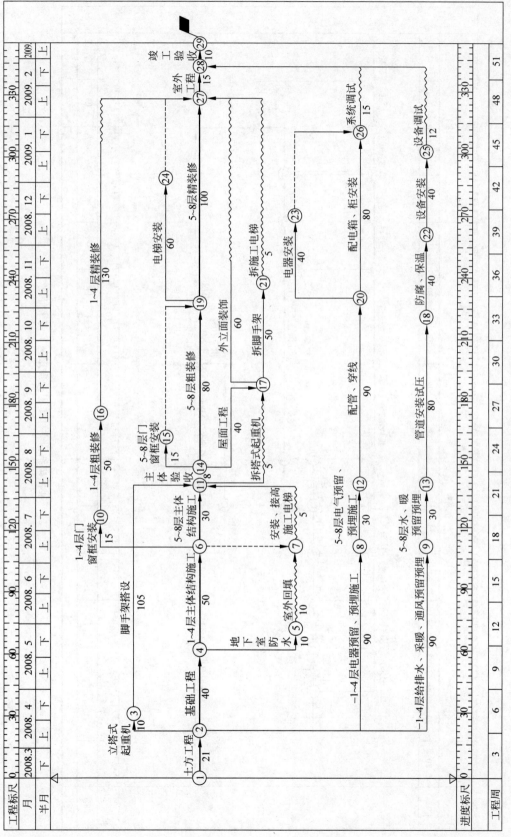

图 3-49 某综合楼施工总体网络计划

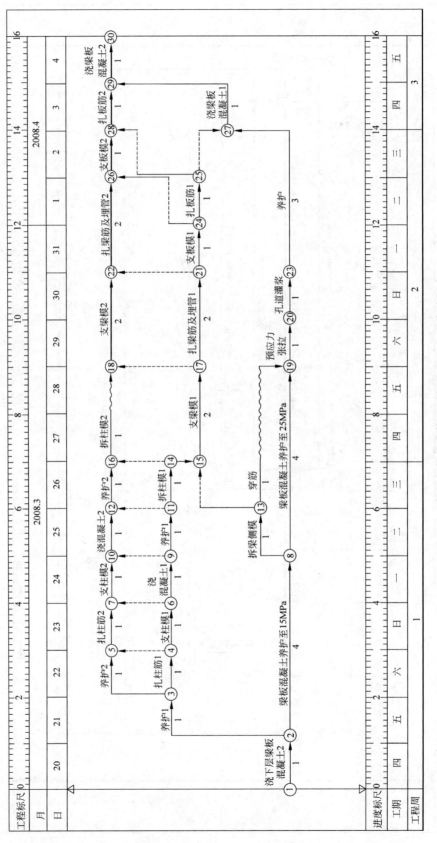

图 3-50 某框架结构主体工程标准层施工网络计划

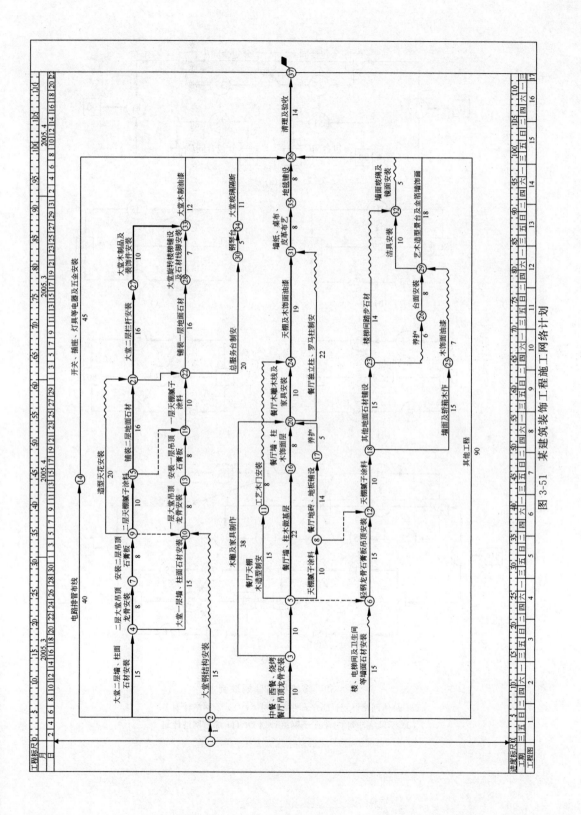

图 3-51 某建筑装饰工程施工网络计划

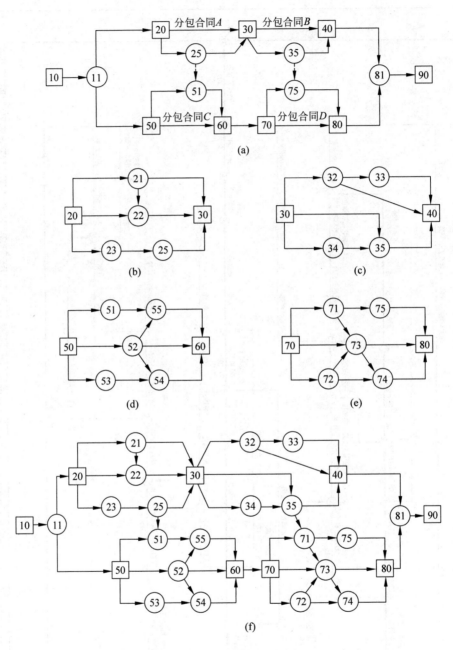

图 3-52　多级网络计划举例

（a）总体网络计划；（b）子网络计划 A；（c）子网络计划 B；
（d）子网络计划 C；（e）子网络计划 D；（f）综合网络计划

习题

1. 找出以下双代号网络图的违规之处。

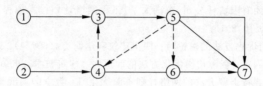

2. 按下表工作关系绘制双代号网络图。

表 2 题关系表

工作	A	B	C	D	E	F	G	H	I	J	K
紧前工作	—	A	A	B	B	C、D	E	E	F、G	A	H、I、J
持续时间	4	6	9	6	3	6	4	8	4	8	2

3. 用图算法计算以下双代号网络计划时间参数,标注关键线路。

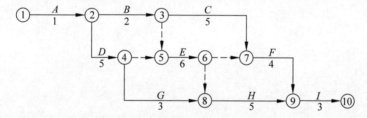

4. 按习题2的关系表绘制单代号网络图,用图算法计算网络计划时间参数,并标注关键线路。

5. 把习题3的网络计划改绘为时标网络计划,用时标网络计划读和算的方法确定工作的6个时间参数并用六时标注法标注,标注关键线路。

6. 绘4个过程(A、B、C、D)、5段流水施工的双代号网络图。

7. 把以下网络图进行工期优化,要求工期为最短工期(工作无优先顺序区别)。箭线上时间为工作正常持续时间(工作最短持续时间)。

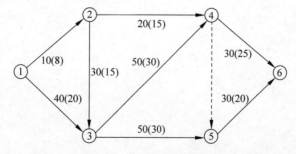

8. 继续压缩图3-27网络计划到最短工期,要求说明选择压缩工作的理由、压缩后关键工作仍为关键工作的计算过程,以及工期不可再压缩的理由。

9. 用列表比较法检查分析图 3-38 网络计划第 2 天末检查的实际进度情况。

参考文献

[1] 江苏中南建筑产业集团有限责任公司,东南大学. 工程网络计划技术规程: JGJ/T 121—2015[S]. 北京: 中国建筑工业出版社, 2015.

[2] 张厚先. 网络计划费用优化方法的讨论[J]. 四川建筑科学研究, 2007(1): 194-196.

[3] 张厚先, 杨昭兰. 工期固定: 资源均衡优化方法的改进[J]. 建筑技术, 2009(4): 371-373.

[4] 张厚先, 施柏楠. 基于蒙特卡罗方法的网络计划资源优化[J]. 数学的实践与认识, 2015(3): 120-127.

[5] 陈志勇, 杜志华, 周华. 基于微粒群算法的工程项目资源均衡优化[J]. 土木工程学报, 2007(2): 93-96.

[6] 郭云涛, 白思俊, 徐济超, 等. 基于粒子群算法的资源均衡[J]. 系统工程, 2008(4): 99-103.

第4章

单位工程施工组织设计

单位工程施工组织设计的主要内容有工程概况、施工方案、施工进度计划、施工平面图、技术经济指标,还可以包括资源需求计划、施工准备工作计划、技术组织措施计划。施工项目管理规范要求施工项目管理规划除包括上述内容外还包括目标规划、风险管理等。

单位工程施工组织设计的编制程序可以是:工程概况→施工方案→施工进度计划→施工平面图→资源需求计划→施工准备工作计划→技术经济指标。工程概况是对工程项目的总体认识,应在最先完成;施工方案是确定顺序和方法,是确定施工进度计划的前提;而施工进度计划是资源需求计划的前提;资源需求计划是进行包括资源准备在内的施工准备工作计划的前提;因为施工平面图也需要不少的资源及其准备,所以,资源需求计划、施工准备工作计划放到施工平面图之后做更合理;技术经济指标是不多的若干项指标,是对整个施工组织设计的提炼、概括,所以放在所有其他计划完成之后进行。

单位工程施工组织设计的主要编制依据包括:①施工合同(含预算报价文件);②施工企业要求;③施工组织总设计;④施工图纸;⑤原始资料(即施工条件);⑥规范规程定额;⑦参考资料。所谓"依据"有两层含义:①制定施工组织设计工作的约束,即所制定的施工组织设计必须符合这些依据;②制定施工组织设计工作的帮助,如作为参考资料的其他工程施工组织设计。

4.1 工程概况编制

1. 工程概况的主要内容

1) 工程相关单位

建设单位、设计、施工、监理、主管单位(质监、安监)。

2) 建设地点的特点

地形、地质、气候等。

3) 建筑设计特点

建筑面积、层数、高度、平面形状、装修等。

4) 结构设计特点

基础的类型、埋置的深度、主体结构的类型、抗震设防的烈度等。

5) 施工特点

施工特点和施工中的关键问题(实现几大目标过程的特点)。

《建设工程项目管理规范》(GB/T 50326—2001)第4.3.5条规定,工程概况应包括下列内容:①工程特点;②建设地点及环境特征;③施工条件;④项目管理特点及总体要求。尽管《建设工程项目管理规范》(GB/T 50326—2001)已被2017年版代替,但新版并没有相关内容,因此,2001年版规范所列工程概况内容也可以作为参考,补充上述概况内容。

《建筑施工组织设计规范》(GB/T 50502—2009)5.1节"工程概况"规定:工程概况应包括工程主要情况、各专业设计简介和工程施工条件等,其中,"工程主要情况"应包括工程名称、性质和地理位置,工程的建设、勘察、设计、监理和总承包等相关单位的情况,工程承包范围和分包工程范围,施工合同、招标文件和总承包单位对工程施工的重点要求,其他应说明的情况。"各专业设计简介"的建筑设计简介应根据建设单位提供的建筑设计文件进行描述,包括建筑规模、建筑功能、建筑特点、建筑耐火、防水及节能要求等,并应简单描述工程的主要装修做法;结构设计简介应根据建设单位提供的结构设计文件进行描述,包括结构形式、地基基础形式、结构安全等级、抗震设防类别、主要结构构件类型及要求等;机电及设备安装专业设计简介应根据建设单位提供的各相关专业设计文件进行描述,包括给水、排水及采暖系统、通风及空调系统、电气系统、智能化系统、电梯等各个专业系统的做法要求。"工程施工条件"应说明的主要内容包括:工程建设地点气象状况,工程施工区域地形和工程水文地质状况,工程施工区域地上、地下管线及相邻的地上、地下建(构)筑物情况,与项目施工有关的道路、河流等状况,当地建筑材料、设备供应和交通运输等服务能力状况,当地供水、供电、供热和通信能力状况,其他与施工有关的主要因素。

2. 工程概况的写法

按照工程概况的主要内容要求逐项填写。

4.2　施工方案选择

因为影响施工进度、施工平面图、技术经济指标,设计这部分的工作量又大,所以施工方案是施工组织设计的核心。施工方案的主要内容是确定顺序、方法(含机械),其中方法所对应的不熟悉而有必要进行施工设计的工作,可以是有复杂、新、特殊专业等特点的工作。

1. 施工方案选择的影响因素

单位工程甚至分部分项工程的施工顺序有一般安排,但没有唯一的安排,它与以下三个主要因素相关:

1) 方法

例如降水的明排水和井点降水,与挖土的顺序不同;如地下工程防水的外贴法和内贴法有地下工程二顺序;逆作法施工顺序不同于"顺作法"。

明排水的施工顺序为边挖土边降水,如图4-1所示;井点降水的施工顺序为先降水后挖土,如图4-2所示。外贴法的施工顺序为施工地下室墙体后施工墙体防水层;内贴法的施工顺序为施工墙体防水层后施工地下室墙体,如图4-3所示。逆作法不同于顺作法:顺作法的施工顺序为挖土→基础→上部结构;逆作法的施工顺序为基坑支护墙→首层地面楼板(兼基坑支护墙的水平支撑)→向下挖土、施工地下室结构,同时向上施工上部结构,如图4-4所示。

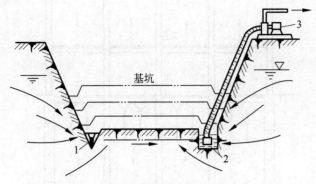

1—排水沟；2—集水井；3—水泵。

图 4-1　集水井降水法

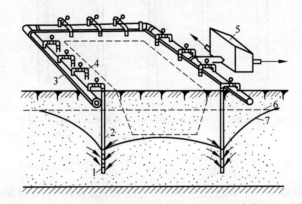

1—井点管；2—滤管；3—总管；4—弯联管；5—水泵房；6—原有地下水位线；7—降低后地下水位线。

图 4-2　轻型井点降水法

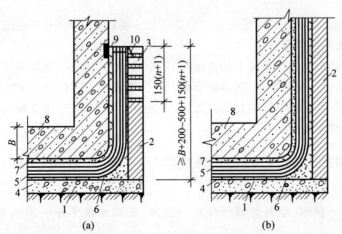

1—混凝土垫层；2—永久保护墙；3—临时保护墙；4—找平层；5—卷材防水层；
6—卷材附加层；7—保护层；8—地下结构；9—永久木条；10—临时木条；n—卷材层数；B—底板厚度。

图 4-3　地下结构防水卷材铺贴方法

(a) 外防水外贴法；(b) 外防水内贴法

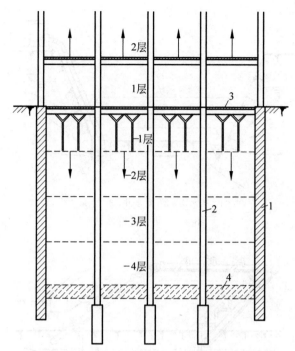

1—地下连续墙；2—中间支承柱；3—地面层楼面结构；4—底板。

图 4-4　逆作法

2）条件

条件包括气候、资源等，例如外装与降水、气温有关，降雨时不能做外装，可以做内装；如果不下雨则没有对外装的限制。冬季（或冬期）一般不能做外装，可以做内装；内装往往需要先封闭外窗，甚至先通暖气，这与不搞内装冬期施工的顺序不同。

3）目标

目标包括进度、质量、成本、安全等项目施工的主要目标。其中，先后工序的质量相互影响，还可以通过成品保护应对。

例如主体与装饰立体交叉施工的进度快、安全风险大，油漆与涂料等其他工作间隔的时间短，则油漆质量容易受到潮气、灰尘的影响，反之，则没有上述问题；这反映了进度与质量目标的不一致。厂房设备基础的封闭式施工，可能有土方重复（当设备基础位置靠近厂房基础时），因而导致成本增加问题。

2．民用房屋建筑基础工程施工一般顺序

1）浅基础

放线→挖土→验槽、地基处理→垫层→防水、基础及地下室→室内外回填，如图 4-5 所示。

2）桩基础

放线→桩施工→挖土、桩长及锚固筋处理→垫层→承台、防水、地下室→室外回填，如图 4-6 所示。

"地基处理"发生在验槽发现地基与勘察报告所得到的土层情况不同且需要处理时。

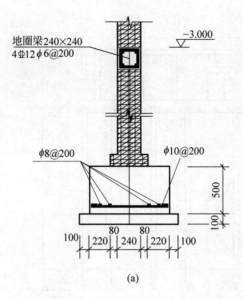

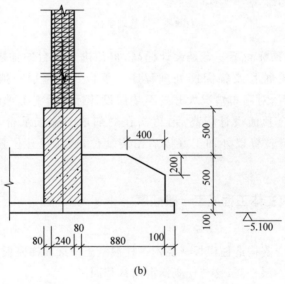

图 4-5 浅基础实例

（a）条基断面；（b）筏基断面

"防水"对地下水埋藏较浅情况；地下水埋藏较深情况下，可对墙体、地下室防潮，防潮做法依设计。"室内回填"对无地下室情况。回填土一般使用挖出土的一部分。无地下室的首层地面防水构造按设计施工。

　　鉴于实际工程中常发现南方基坑长时间受水浸泡而不曾发生工程事故的情况，作者认为基槽受暴露时间、浸泡的影响对南北方不同。基槽暴露时间长而造成原状地基土水分蒸发，对原状地基土改变较大。基槽受水浸泡，对长时间干旱的北方地基而言，原状地基土改变较大；而对常年浸泡于地下水中的南方地基而言，原状地基土改变不大。

　　尽早"回填"可防止基槽受水浸泡，并为其他工作提供工作面。

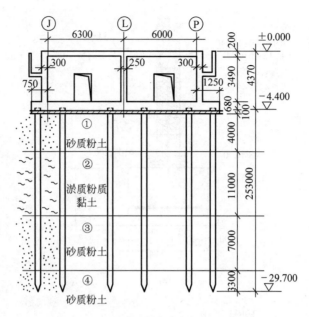

图 4-6 桩基础实例

因为桩施工后桩顶标高不一定是设计标高,桩顶进入承台的锚固筋长度不一定是设计长度,所以一般会有桩长及锚固筋处理程序。承台及其垫层一般分为在建筑范围满布、桩顶周围局部布置,对满布情况大开挖至垫层设计标高后施工承台及其垫层;对局部情况,一般开挖至承台顶面设计标高后,再次在局部挖土施工承台及其垫层(使用砖胎膜,钢筋网在承台设计位置以外加工好以后吊装就位,或在设计位置架高加工后起吊下落就位)。

3. 民用房屋建筑主体工程施工一般顺序

1) 砖混结构

构造柱筋→砌墙→支构造柱模板→浇构造柱混凝土→梁板梯模板→梁板梯筋→梁板梯混凝土。混凝土也可一层一浇,这与现浇钢混结构相同。

2) 现浇钢混结构

一般有以下 4 种顺序可供选择。

(1) 竖筋→水平模→(水平筋、竖模)→混凝土;

(2) (竖筋、水平模)→(水平筋、竖模)→混凝土;

(3) 竖筋→模→水平筋→混凝土;

(4) 竖筋→竖模→竖混凝土→水平模→水平筋→水平混凝土。

其中,第一种顺序比第二种顺序的施工过程多(如果每一个工序作为一个施工过程),相对第二种顺序而言不便于组织流水施工。

第二种顺序,"竖筋"指竖向构件(柱、剪力墙)钢筋,"水平模"指水平构件(即梁板梯)模板,"水平筋"指水平构件(即梁板梯)钢筋,"竖模"指竖向构件(柱、剪力墙)模板,"混凝土"指竖向构件和水平构件的混凝土。第二种顺序存在两部分搭接:"竖筋、水平模"在同一施工段平面搭接,"水平筋、竖模"在同一施工段上下立体搭接,因而施工过程数较少,便于组织流水施工。

第三种顺序,"模"包括"竖模"(竖向构件模板)、"水平模"(水平构件模板),因而工作量较大,往往不便于组织成全等节拍流水施工,但可能组织成成倍节拍流水施工。

第四种顺序,"竖混凝土"指竖向构件(柱、剪力墙)混凝土,"水平混凝土"指水平构件混凝土,是传统的施工顺序,工序和工序之间共用工作面最少,但如果每一个工序作为一个施工过程,则施工过程多,组织流水施工的难度最大。

4. 民用房屋建筑屋面工程施工一般顺序

在寒冷地区,民用房屋建筑屋面工程施工一般顺序为:找平层→隔汽层→保温层→找平层→防水层。在炎热地区,民用房屋建筑屋面工程施工一般顺序为:找平层→防水层→隔热层。以上两顺序的区别主要源于构造的区别;当然,保温坡屋面兼有隔热功能,保温层也可兼有隔热层作用。防水层以上,对于上人屋面做隔离层和面层,对于不上人屋面做保护层(用铝箔、涂料、砂浆、混凝土、块材等)。

其中,"隔汽层"用于室内湿度大、有保温层的情况,可以防止潮气进入保温层,影响保温效果,具体构造由图纸决定。"隔热层"可以是架空层、蓄水或种植等。

5. 民用房屋建筑装饰工程施工一般顺序要点

本部分含砌筑隔墙。验评标准中砌筑工程归在主体工程。

(1) 室内外装饰一般自上而下或分段自上而下。室内装饰也可自下而上,缩短工期。

"自上而下"相比"分段自上而下":基层变形时间长而更稳定、无立体交叉施工带来的资源集中和不安全问题,也无工期短的优势。

(2) 室内抹灰:地→顶→墙(简称先做地面)或顶→墙→地(简称后做地面)。

"先做地面"相比"后做地面":地面基层干净而有利于结构层和面层与基层的黏结(这一点对于需要黏结的地面做法且经常出现空鼓的问题很重要),但需要时间养护后做顶、墙。而一个房间内就此三项装饰内容而言,顶墙的工期长,做好的地面易受顶、墙施工的影响。以上分析的思路,可以用于分析其他做法的地面、顶棚(如瓷砖地面、吊顶)与房间内其他部位做法的关系。

抹灰前门窗框与墙体间缝隙分层嵌塞密实(材料符合设计,如用1∶3水泥砂浆或1∶1∶6水泥混合砂浆,缝隙较大时应参加少量麻刀),用塑料贴膜或铁皮保护门窗框。吊顶前,应对房间净高、吊顶内管道及设备安装和调试进行验收。

(3) 底层地面、楼梯间墙地在室内其他抹灰后自上而下抹灰。散水、台阶最后做。

这样的顺序可以减少或避免后续工作对这些部位的影响。

(4) 五金、玻璃与油漆:五金→玻璃→交活油。

上述顺序主要对木门窗,五金可以把门窗固定于门套、窗框上,并防止刮风时(包括穿堂风)损坏玻璃;"交活油"即最后一遍油漆。

木门窗油漆一般施工顺序为:基层处理→刷底漆→批嵌腻子→打磨→刷二道漆→刷面

漆。其中,对多见的清漆木门窗,"基层处理"主要是用砂纸把基层磨平磨光;"刷底漆"可以加颜料调色;"批嵌腻子"可以统一基层吸油能力、堵住洞眼,一般做三道,腻子干后应用砂纸打磨。为减少或避免油漆会对五金、玻璃的污染,除采用毛笔刷五金附近等做法外,上述施工顺序也有效。交活油可以覆盖五金与剔槽、玻璃与压条之间的空隙。

玻璃与裁口间抹油灰(又称腻子)或橡胶垫,作用是使其结合紧密、呈现柔性结合。

(5)屋面防水可防止对顶层室内装饰的影响。对使用楼面支撑从而可能对防水层造成损伤的吊脚手,屋面防水层可先做防水层底层。

(6)先外后内,外装脚手架使用时间紧挨在主体工程完成之后,可加快外脚手架周转;可以在内装之前处理好内墙上单排外脚手架穿墙孔、双排脚手架连墙点(如果连墙点影响到内墙装饰的话)。

(7)冬雨期之前外装。

这种顺序可以把相对容易的内装放在冬雨期。

(8)先水磨石后外装。

水磨石的泥浆可能透过外围护墙及其与混凝土楼板之间的缝隙流到外墙面,污染已经外装的墙面,而这种污染即使被涂料覆盖也无法被掩盖,尤其是在雨后的一段时间污染痕迹很明显,所以施工要先水磨石后外装。

(9)毛坯房或老房二次装修施工顺序:水电管线埋设→门窗拆安→瓦工施工→木工施工→油工施工→水电器具安装。

"水电管线埋设"包括水电管线改造、地暖管线铺设、中央空调管线和出风口铺设,因为是暗管,会打洞和沟槽,所以要先施工水电管线。

"门窗拆安"指原有门窗拆除、新门窗与结构的连接,这些部位需要与结构固定、被抹灰覆盖(包括卫生间移门框埋入地面以下,决定了它必须在地面施工之前。如果墙砖铺贴后用胀管螺丝固定门窗、玻璃胶填补门窗框与墙面的缝隙,那么门窗也可以后施工)。

"瓦工施工"目前的主要工作是铺贴墙地砖。因为木材忌讳明水(明水使其含水率超过平衡含水率而变形过大),所以木门窗在铺贴墙地砖后进行,但要注意门窗套与墙砖接合处的关系(一般为门窗套线条与墙砖密切接合并在外表面二者平齐,墙砖铺贴留出门窗套线条位置)。瓦工施工前需要安装厨房烟道止逆阀、下水干管包隔音棉、下水干管和厨房烟道包砌砌体以便粘砖(否则砖容易空鼓和脱落,包下水干管和厨房烟道前检查下水干管和厨房烟道是否渗漏并进行必要的处理)、砖排版(考虑墙地砖是否通缝、相邻房间地砖是否铺过门石和砖通缝)、确定铺砖是否墙压地、砂浆是否堵塞水电管线槽、检查墙面垂直平整和阴阳角方正并进行必要的处理、墙地面涂刷界面剂和施工防水并做地面防水的48h闭水试验,贴砖过程中需要安装地漏。厨房墙砖铺贴后可以进行橱柜定制测量。卫生间墙地砖先于其他房间墙地砖施工。

"木工施工"主要是门窗套、窗帘盒、吊顶、厨房吊柜和地柜、家具(木地板或复合木地板往往为商家负责铺装)、木楼梯、栏杆扶手。

"油工施工"主要是墙面涂料、木门窗及家具油漆,要求外门窗封闭以防油漆涂料表干过快而开裂,墙涂料前油漆刷头道或两道。

"水电器具安装"主要是安装卫生洁具(洗脸盆及其龙头、坐便器、淋浴喷头)、厨房洁具(洗菜盆、龙头)、灯、插座、开关箱穿线、开关和插座面板。

6. 民用房屋建筑水暖电卫工程施工一般顺序要点

位于±0.000以下的管沟,可以与土建结构墙同时砌筑。室内外回填前应给埋置管道试压试水。主体工程中穿插水电工在墙、板留线管、接线盒(灯、插座、开关),以及土建工人按土建图纸在墙、板预留孔洞、套管。

7. 厂房基础、厂房上部结构与设备基础、设备安装的施工顺序

按照排列组合规律,厂房基础与设备基础有以下组合:厂房基础先于设备基础,厂房基础后于设备基础,厂房基础同时于设备基础。厂房上部结构与设备基础有以下组合:厂房上部结构先于设备基础,厂房上部结构后于设备基础,厂房上部结构同时于设备基础。厂房基础与设备安装有以下组合:厂房基础先于设备安装,例如精仪车间;厂房基础后于设备安装,例如高炉车间、发电厂等重型厂房;厂房基础同时于设备安装;例如水泥厂。厂房上部结构与设备安装有以下组合:厂房上部结构先于设备安装,例如精仪车间;厂房上部结构后于设备安装,例如高炉车间、发电厂等重型厂房;厂房上部结构与设备安装同时,例如精仪车间。先厂房后设备基础称封闭式施工,先设备基础后厂房及其基础(或同时)称开敞式施工。

以上顺序的关联因素有:
(1) 基础深度:深者优先(基础稳定);
(2) 基础广度:大,则同时(否则土方重复);小,则自由;
(3) 施工环境:空间大小、风雨影响;
(4) 桥吊利用:服务施工与安装;
(5) 后续工作工期:设备安装等。

例如封闭式施工,厂房施工场地大,设备基础施工不受气候影响,并可以利用桥吊;不能为设备安装及早提供工作面从而工期长;设备基础大并与厂房基础相连时存在土方重复开挖与回填;设备基础深于柱基时对柱基有影响。

8. 施工方案的技术经济评价与比选

施工方案的评价一般分为定性评价、定量评价。

定性评价包括技术是否可行、难易程度、质量可靠程度、安全可靠程度、资源需求满足程度等。定性评价指标也可以量化,如安全性、工作质量打分。

定量评价包括工期、成本、资源消耗量、投资等。

当一个方案指标全优于其他方案,或一个方案主要指标全优于其他方案,则选该方案;但更多情况下是备选方案互有优劣、不相上下,这时可以使用综合指标评价与选择:综合指标 $= \sum$ (指标值×权重)。其中,指标值是方案在某一项指标上的得分,权重是各项指标的相对重要程度,权重可以合并在指标满分考虑,如例4-1。选优不一定是选指标大的方案。

【例 4-1】 设有 3 台机械的技术性能均可满足施工需要,评价指标有 12 项。将各机械的得分相加,高者为优。用综合指标决定选择乙机,如表 4-1 所示。其中的不同指标满分同时反映了上述指标值、权重;所有指标满分之和可以不必是 100 分。

表 4-1　3 台机械综合指标计算表

序号	指　标	等级	满分	甲机	乙机	丙机
1	工作效率	A	10	10	10	8
		B	8			
		C	6			
2	工作质量	A	10	8	8	8
		B	8			
		C	6			
3	使用费和维修费	A	10	8	10	6
		B	8			
		C	6			
4	耗能	A	8	8	6	4
		B	6			
		C	4			
5	占用人员	A	8	6	8	8
		B	6			
		C	4			
6	安全性	A	8	8	6	8
		B	6			
		C	4			
7	稳定性	A	8	6	6	8
		B	6			
		C	4			
8	服务项目	A	8	6	6	8
		B	6			
		C	4			
9	完好性和维修难易	A	8	6	8	4
		B	6			
		C	4			
10	安拆难易性和灵活性	A	8	8	8	6
		B	6			
		C	4			
11	对环境适应性	A	8	6	6	6
		B	6			
		C	4			
12	对环境影响	A	8	4	6	8
		B	6			
		C	4			
总　　分				84	88	82

4.3　施工进度计划和资源需求计划编制

1. 施工进度计划按详细程度分控制性、指导性

控制性进度计划较粗,指导性进度计划较细。不同粗细程度的进度计划,分别有不同的用途,如公司、业主、上级领导更多使用较粗计划,现场项目部、班组更多使用较细计划。

2. 施工进度计划编制程序

施工进度计划编制程序为:确定工序→计算工程量、劳动量或台班数、用时→编排、检查调整。

1) 工序与施工方案(流水、搭接、放坡与支护、现浇与预制、不同降水方法等)有关,例如本书附录有关课程设计的文件

2) 工程量可套用造价文件工程量(包括施工图预算、施工预算、招标文件的工程量清单)

进度计划执行中会受到大量因素干扰,所以用于进度计划的工程量可以不必像用于造价计算的工程量那样精确。

进度计划一般划分工序较细,也包括分段流水施工而要求分段计算工程量,所以设计进度计划所用工程量未必与所借用文件工程量项目完全对应。

进度计划所用工程量要与所用施工定额或劳动定额配套使用,造价文件工程量往往与预算定额或清单计价规范配套,而这些定额或规范关于工程量的计算规则未必相同,如条基土方工程,《建设工程工程量清单计价规范》(GB 50500—2008)计算规则为:按基础施工图设计尺寸,以基础垫层底面积乘以挖土深度计算工程量;《全国统一建筑工程预算工程量计算规则》(GJDGZ-101-95,与确定消耗量的《全国统一建筑工程基础定额》配套并同时发布,二者属于全国适用的预算定额)计算规则规定施工操作空间,如基础垫层支模板增加工作面宽度 300mm;而《河北省建筑安装工程施工定额》(1984 年发布)计算规则并没有关于操作空间的说明,而计算施工作业量(也是计算直接工程费用量)以施工方案计算土方工程量,即可以考虑在垫层外各加 20~30cm 工作面后放坡或挡土板支护计算挖土体积。

施工定额包括人工、台班、材料的消耗数量;劳动定额、机械台班定额、材料消耗定额是人工、机械台班或材料的单一项目消耗数量;时间定额是单位产品(专业、等级、条件、合格)用时(工日或台班);产量定额是单位时间的产量,与时间定额互为倒数。有的项目无定额可查,可实测。

$$劳动量或台班数＝工程量/产量定额＝工程量×时间定额$$

倒排计划法是按用时或工期求班数、人机数;三时估算法是工序用时＝(最长＋4×最可能＋最短)/6。这两种方法是定额计算工序用时以外的方法。

3) 检查调整

检查项目主要包括:①工期是否满足要求;②工序顺序是否合理;③资源需求是否满足要求(供应能力、均衡);④主导工序是否连续,非主导工序是否最大搭接;⑤机械利用率是不是高。

调整针对上述检查所发现问题进行,其中复杂内容包括:工期优化、资源优化、费用优化;其他包括调整顺序等。

3．施工定额的用法

本节以河北省建筑工程定额管理站 1984 年《河北省建筑安装工程施工定额》的砌砖项目为例，说明施工定额的用法。劳动定额用法与施工定额用法相同。建筑工程施工主要工艺过程施工定额摘录见本书附录（主要是用于进度计划编制的人工消耗定额，即劳动定额）。

1）施工定额"总说明"节选

（1）本定额可作为企业内部经济核算、签发工程任务单、限额领料之用。

（2）本定额包括三册：土建工程（一）、土建工程（二）、管道电器安装。

（3）本定额依据国家建工局 1979 年颁布的《建筑安装工程统一劳动定额》。

（4）本定额参考了部分兄弟省市的施工定额。

（5）本定额内容，除各册各章另有说明外，均包括检查安全技术措施、布置操作地点、领退料具、工序交接、队组自检互检、排除一般机械故障、保养机具、操作完毕后的场地清理等。

（6）时间定额单位：工日（台班）/单位工程量。

（7）材料消耗定额是在合理使用材料的条件下，包括现场储存、调制以及操作等损耗。

（8）分子式表示的材料数量，分子为摊销量，分母为一次使用量。

（9）"以内"包括本身在内，"以外"不包括本身在内。

（10）使用中发现的问题报省定额站。

2）施工定额"四、砌砖工程——说明"

（1）工程量计算：按图纸计算，扣除门窗洞口、过人洞及嵌入墙内的混凝土柱、梁、圈梁等大型构件的体积。通风孔、烟囱孔、电器开关箱、消火栓、暖气片凹进处等小面积洞孔以及嵌入墙内的混凝土梁头、板头、60kg 以内的门窗过梁等小型构件体积均不扣除。墙面艺术形式的凹凸部分的体积亦不增减。计算砖墙体积时，其厚度规定如下（灰缝以10mm 计）：

砖规格	单位	0.5 砖	0.75 砖	1 砖	1.5 砖	…
240×115×53	mm	115	178	240	365	…

（2）小组成员

技工：七～1、六～1、五～1、四～1、三～2、二～4。平均等级：3.6 级（＝（7×1+6×1+5×1+4×1+3×2+2×4）/（1+1+1+1+2+4），作者注）。

壮工：三～6、二～6。平均等级：2.5 级（＝（3×6+2×6）/12，砌砖：运砖灰＝2：1（定额可给出各部分用时如砌砖、运输、调砂浆，但不能给出每项工作技壮工比，作者注）。

3）砖墙施工定额（部分）

部分砖墙施工定额如表 4-2 所示。

上述定额表中，1.17/0.855，两数互为倒数，为时间定额与产量定额的关系，表中类似关系还有很多。其中，时间定额具有可加和性，如对 2 砖及 2 砖以外单面清水墙，综合塔式起重机时间定额 0.99（工日/m^3）＝砌砖 0.47＋塔式起重机运输 0.418＋调制砂浆 0.102。查施工定额编制施工进度计划时，如决定楼层砌墙进度，对 2 砖及 2 砖以外单面清水墙，应查取 0.47 工日/m^3 或 2.13m^3/工日，而运输、调制砂浆与楼层砌砖平行进行，不占工期。

4．施工进度计划举例

施工进度计划举例如图 4-7 所示。

表 4-2 砖墙施工定额（部分）

工作内容：包括砌墙面艺术形式、墙墩、平拱及安装平拱模板、梁板头塞砖、楼梯间砌砖、留楼梯踏步斜槽、留孔洞、砌各种凹进处、山墙泛水槽、安放木砖、铁件、安装 60kg 以内的预制混凝土门窗过梁、垫块以及调整立好的门窗框等。

m³

项目				双面清水			单面清水					序号
				1 砖	1.5 砖	2 砖及 2 砖以外	0.5 砖	0.75 砖	1 砖	1.5 砖	2 砖及 2 砖以外	
人工	综合	砌砖	塔式起重机	1.17/0.855	1.11/0.901	1.03/0.969	1.39/0.719	1.36/0.735	1.13/0.884	1.06/0.944	0.99/1.01	一
			卷扬机	1.31/0.765	1.25/0.8	1.18/0.85	1.53/0.654	1.50/0.667	1.27/0.787	1.2/0.833	1.13/0.884	二
	运输		塔式起重机	0.654/1.531	0.588/1.7	0.51/1.96	0.901/1.11	0.862/1.16	0.617/1.62	0.535/1.83	0.47/2.13	三
			卷扬机	0.418/2.39	0.418/2.39	0.418/2.39	0.412/2.43	0.415/2.41	0.418/2.39	0.418/2.39	0.418/2.39	四
	调制砂浆		塔式起重机	0.559/1.79	0.559/1.79	0.559/1.79	0.55/1.82	0.552/1.81	0.559/1.79	0.559/1.79	0.559/1.79	五
			卷扬机	0.096/10.4	0.101/9.78	0.102/9.78	0.081/12.3	0.085/11.8	0.098/10.4	0.101/9.86	0.102/9.78	六
材料	红(青)砖	块		521	515	510	544	528	521	515	510	
	砖砂浆	m³		0.227	0.236	0.242	0.195	0.218	0.227	0.256	0.242	
编号				4	5	6	7	8	9	10	11	

序号	工艺过程	工程量	产量定额	劳动量/工日	每天出勤人数	工艺过程持续时间/日
1	人工开挖基坑	600m³	6.25	96	16	6
2	碎砖三合土垫层	90m³	1.1	84	14	6
3	砌筑砖基础	99m³	1.36	72	12	6
4	基础回填土	402m³	5.6	72	12	6
5	砌6层墙/安门窗框	1061m³/486樘	1.15/13.5	923/36	26/1	36/36
6	楼板和楼梯安装	2354块	5.49	428	12	36
7	楼板灌缝	3720m²	21	177	5	36
8	木隔墙安装	1785m²	12.4	144	4	36
9	门扇/窗扇安装	437扇/279扇	4.8/10	91/28	3	36
10	吊天棚平顶	1080m²	15	72	2	36
11	屋顶等现浇混凝土	195m³	6.5	30	5	6
12	屋顶防水	650m²	13.5	48	8	6
13	外墙抹灰	1480m²	8.2	180	5	36
14	天棚平顶抹灰	1770m²	8.2	216	6	36
15	内墙抹灰	5335m²	11.4	468	13	36
16	水泥地面抹灰	497m²	13.8	36	1	36
17	木地板安装	1150m²	1.78	648	18	36
18	门窗油漆	590m²	8.22	72	2	36
19	电气安装				2	102
20	卫生设备安装				4	36
21	其他				6	106

进度/d

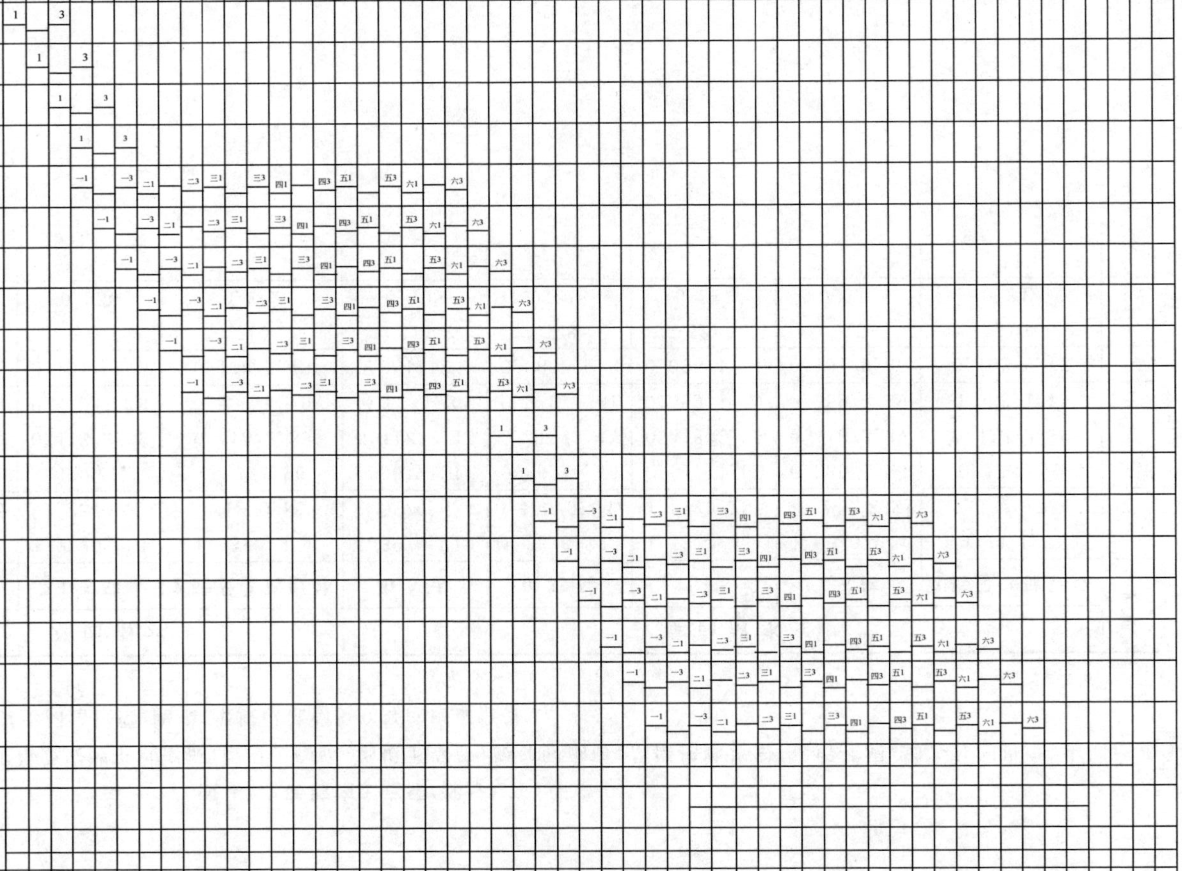

进度/d	2	4	6	8	10	2	4	6	8	10	2	4	6	8	10	2	4	6	8	10	2	4	6	8	10	2	4	6	8	10	2	4	6	8	10	2	4	6	8	10	2	4	6	8	10	2	4	6	8	10	2	4	6
每天总出勤人数	24	38	50	73	71	64	56	59	61	61	61	61	61	61	61	61	61	61	61	61	61	32	27	30	31	29	32	33	51	53	53	57	57	57	57	57	57	57	57	57	57	57	52	46	33	32	14	12	12	8	8	6	6

说明：一1表示“一层1段”；1表示“第1段”；横道没标注段号的为本层开始施工段与结束施工段的中间段号；以此类推。

图 4-7　施工进度计划举例

5. 资源需求计划

资源需求计划的"资源",主要指人、机、料,根据施工进度计划编制。资源需求计划要求明确规格、数量、时间,其形式一般如表4-3、表4-4、表4-5所示。

表4-3　劳动力需求计划

序号	工种	劳动量/工日	需要工人数及时间			
			×月			...
			上旬	中旬	下旬	...

表4-4　主要材料需求计划

序号	材料名称	规格	需　要　量		供应时间	备注
			单位	数量		

表4-5　机具设备需求计划

序号	机具设备名称	型号或规格	需　要　量		进场日期	使用起止日期	备注
			单位	数量			

例如,某6层3单元砖混结构住宅,长×宽＝53.04m×8.7m,檐高19.5m,建筑面积2722.7m^2。砖基础底面标高−1.000。墙体厚度240mm,±0.000、1层、3层、6层设现浇钢筋混凝土圈梁。预制过梁、空心板。地面为水磨石,楼面为水泥砂浆面层。外墙面:2层及其以上为干粘石,一层为水刷石。内墙为石灰砂浆抹面、涂料。门窗以木门窗为主。施工时间为6～9月,计划工期共106d。混凝土掺早强剂,3d强度不低于10N/mm^2,14d达到设计强度值。零星混凝土、砂浆在现场搅拌,其他由预制厂供应。井架垂直运输。分3段组织流水施工。主要建筑材料需求计划如表4-6所示,劳动力需求计划如表4-7所示,主要机具需求计划如表4-8所示。

表4-6　主要建筑材料需求计划

序号	材料名称	规格	单位	数量	供应日期
1	水泥	32.5、42.5	t	420	5月底陆续进场
2	钢筋	另详	t	96.7	同上
3	砂	中粗	m^3	989	5月底进场
4	石子	1.5～2.5cm	m^3	760	5月底陆续进场
5	红砖	MU7.5	千块	506	6月底陆续进场

序号	材料名称	规格	单位	数量	供应日期
6	木门		m²	434	8月初
7	木窗		m²	472	同上
8	油漆	调和漆	kg	320	8月中旬
9	玻璃	2mm厚	m²	460	同上

表 4-7　劳动力需求计划

序号	工种	高峰人数	6月	7月	8月	9月
1	木工	25	24	25	21	22
2	瓦工	55	37	37	0	0
3	混凝土工	41	40	41	20	5
4	抹灰工	95	0	48	95	44
5	钢筋工	14	14	10	0	0
6	架子工	18	18	18	8	8
7	吊装工	16	0	16	0	0
8	焊工	3	3	2	0	0
9	油漆工	23	0	0	23	23
10	普工	21	13	21	21	11
11	电工	12	4	4	4	12
12	管道工	6	4	2	6	2
13	玻璃工	4	0	0	4	2

表 4-8　主要机具需求计划

序号	机具名称	规格	单位	数量	进退场时间
1	升降机	高程28m	台	2	6.01—9.10(竣工日期)
2	卷扬机	1t	台	2	6.01—9.10
3	搅拌机	250L	台	1	6.01—8.30
4	砂浆搅拌机	200L	台	1	6.01—9.10
5	装载机	0.5m³	台	1	6.01—6.02
6	振捣器	φ50	台	8	6.01—8.10
7	平板振捣器		台	2	6.01—9.10
8	手推胶轮车		台	20	同上
9	钢丝绳	1/2″	m	800	同上
10	照明灯具电缆		套	8	同上

4.4　施工平面图设计

施工平面图设计是利用建设工程附近场地布置施工用临时设施。为反映各施工阶段大的变化,施工平面图设计可分阶段进行。施工平面图实例如图 4-8 所示。

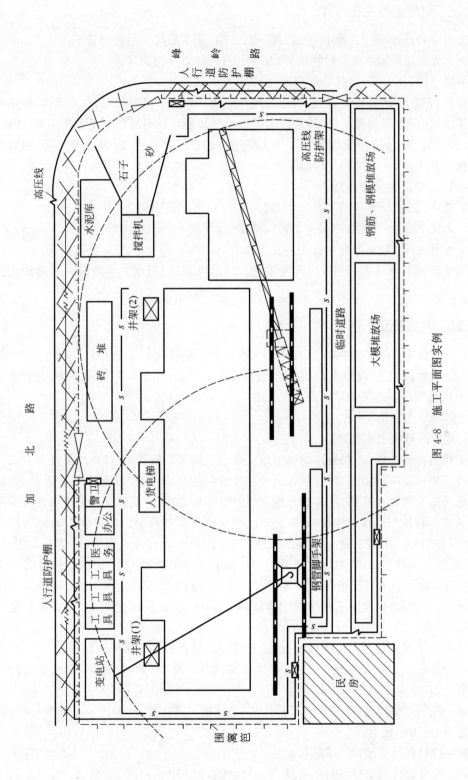

图 4-8 施工平面图实例

1. 施工平面图的主要内容

（1）拟建和已建（地上、地下）：房、路、树、人防、上下水煤气电缆等管线等。

（2）垂直运输机械：塔式起重机、泵及管、电梯、井架龙门架等。

（3）搅拌站、加工场、材料堆场仓库（生产临设）。

当商品混凝土、预拌砂浆普及后，施工现场搅拌只考虑零星混凝土、砂浆搅拌，所用材料和机械不多，但应安排混凝土泵、砂浆泵及运输车停放地。材料堆场主要包括钢筋、模板、墙体材料、架子管、砂、水泥及装饰材料。加工场主要包括钢筋加工场、模板加工场、钢筋混凝土预制构件加工场、金属结构构件加工场等。仓库主要用于水泥、工具、管线、油漆、五金件等易损、易丢、危险物品的存储。

（4）道路：包括服务于施工的永久道路。

（5）非生产临设：门卫、办公室、食堂、厕所、开水房、浴室、宿舍等。

（6）水电管线：包括服务于施工的变电站。

施工平面图的其他内容还可以有围墙、指北针、风玫瑰（指示主导风向）、标高轴线控制点等。

2. 施工平面图设计原则

（1）力求紧凑：以物料中心、工程中心为准计算运输量（t·m）会小。

（2）尽量利用永久房屋、道路、管线：包括拟拆迁设施、拟建永久道路路基，安全条例管理规定未验收的在建建筑不可作为临设使用。

（3）尽量使用装配结构。

（4）减少或避免二次搬运。

在工程造价计算中，二次搬运费属于建安费用组成的措施费，有计费的条件和方法。一般工程施工中所使用的多种建材，包括成品和半成品构件，都应按施工组织设计要求，运送到施工现场指定的地点堆积，但有些工地因遇到施工场地狭小，或因交通道路条件较差使得运输车辆难以直接到达指定地点，而需要通过小车或人力进行第二次或多次的转运所需的费用，计为材料的二次搬运费。计算方法是：二次搬运费＝直接工程费（包括人工费、材料费、施工机械使用费）×二次搬运费费率（％）。其中，"施工场地狭小"定额里已经有明文规定：施工用地面积小于首层建筑面积3倍；"因交通道路条件较差使得运输车辆难以直接到达指定地点"，许多地区规定了具体的距离值，如300m之内、50m之内等，只要符合这一条件，就可以计取。

对于施工平面图设计，"二次搬运"指未到达指定地点或距离使用地点较远。

（5）符合安全卫生文明施工要求：包括临街、排污、降温（如双层顶棚）、绿化、防火、整洁等方面。

五牌一图：工程概况牌、安全施工宣传牌、文明施工宣传牌、环保施工宣传牌、消防保卫施工宣传牌、施工平面图。

（6）保持材料动态平衡：减小临设量。

（7）分阶段设计时房屋、道路、管线、大型机具尽量不动。

（8）按评价指标优化：指标包括施工占地面积、临建工程量及费用、施工占地利用率等。

3. 施工平面图设计步骤

施工平面图设计步骤为：垂直运输机械→搅拌站、加工厂、材料堆场仓库→道路→非生产临设→水电管线。

垂直运输机械是联系楼上建筑和地下材料的枢纽，所以最先布置。搅拌站、加工厂、材料堆场仓库和道路是生产性临时设施，先于非生产临设布置，但搅拌站、加工厂、材料堆场仓库和道路相互影响，不应是先布置搅拌站、加工厂、材料堆场仓库，而不考虑道路是否可以布置和是否合适。水电管线占地较小，因而可以比较方便地送往需用水电地点即可。

4. 施工平面图设计各步骤的要求

1）垂直运输机械

（1）服务面积最大，减少死角（含轨道式塔吊），安拆场地足够，多塔无碰撞，塔基坚实，扶臂要方便。

塔式起重机安拆一般在地面或接近地面的高度，用汽车吊组装和拆解。多塔相邻，一般要求多塔起重臂标高相差 3.5m 或两个标准节。塔式起重机基础、扶壁要求同样适用于施工电梯。

（2）井架、门式起重机布置在窗口（电梯同）、施工段界线处；卷扬机距≥建筑物高。

（3）数量足够，如 2 单元/门式起重机，可以进行吊次估算，塔梯泵组合为现阶段基本组合。

（4）高压线要保护：远离、支架隔离。

对垂直运输机械的配合协调工作非常关键，直接关系到施工进度的快慢。每个塔式起重机可以配备专用对讲机一台，地面派专人进行指挥协调。塔式起重机司机可每台 2 名按 6h 轮流值班，确保塔式起重机连续不间断正常运转，提高塔式起重机利用率，充分满足施工过程中垂直运输的需求。物料提升机和人货两用电梯派专人负责开机，根据具体施工情况及时进行调度，安排开机值班人员满足各施工段的施工需要。

施工电梯和物料提升机主要用于结构施工层以下各层的材料、构配件和人员的输送。施工用人货两用电梯是按照载人电梯设计规程进行设计制造的并经安全机构鉴定，按使用说明进行安装，经验收合格发给合格证才能使用，使用时，载重量必须在额定范围内。工地上物料提升机和井架都严禁载人升降。

施工电梯和物料提升机附墙节点，附着处的构件混凝土必须达到一定强度，用预埋铁件或金属膨胀螺栓固定。

当结构施工到一定高度（如 6 层）时，安装搭设施工电梯和物料提升机，以满足人员、材料输送要求。当结构在施工到一定层数后，施工电梯和物料提升机要相应接高一次，当结构封顶且屋面层构件混凝土达到一定强度后，施工电梯和物料提升机做最后一次接高。每向上接高一次需 1～2 个台班。接高应注意以下几点：

① 附着点处结构混凝土的强度不小于 $15N/mm^2$，并且模板已拆除；

② 每次接高后，除结构施工人员需从楼梯上走几层到达施工层外，其他垂直运输高度应满足要求；

③ 尽可能地减少接高次数,即每次尽可能接得高一些。

由于两台塔式起重机起重臂杆回转时有交叉,为避免两臂杆相碰,在安装时错开两台塔式起重机起重臂杆的标高,吊物时严禁塔式起重机起重臂碰撞另一台塔式起重机的钢丝绳。为此,在塔式起重机加高和附着程序时应充分加以考虑,塔式起重机之间相互加强联系,互相提醒,密切注意起重臂杆交叉时的安全。对两台塔式起重机每次顶升后保持差距 3.5m 或两个标准节以上,避免大臂在同一高度回转时碰撞;对起重工、指挥工班前进行针对性的当班安全作业教育;定期检查与有针对性检查相结合并邀请厂家或塔式起重机安装单位对塔式起重机进行不定期安全检查,保证各安全装置的有效性。

ZM-ACS20 是用于复杂施工环境下多塔吊交叉作业的安全防碰撞报警系统,集法国SMIE 公司 AC30、新加坡 e-build 公司 tac3000 以及韩国 WECON 公司 ATC-10 等产品优点于一身。该装置已先后在新加坡 ELIS 公司塔式起重机上安装试用,通过初试 1 型、中试 2 型,目前已定标规模化生产 3 型。该系统具有以下特点:

(1) 系统功能强大,基于实时监测和风险预估的六大类安全防护策略,超过法/意/新现有同类产品水平;目前是国内唯一的塔式起重机防碰撞产品;

(2) 系统性能突出,组网可达 72 台终端(塔式起重机),响应时间为 50~500ms,处于国际领先水平;

(3) 基于 ARM 的嵌入式终端,实时性好,集成度高,体积小,质量小,功耗低,适于现场快速安装;

(4) 支持编码器等高精度数据采集装置,适用多种塔式起重机传动设备,防碰预警准确度和精度高;

(5) 无线组网通信,可动态加入退出,安装简便,传输速度高;

(6) 终端支持图形化界面,直观示警装置和多功能键盘,人机交互友好;

(7) 地面程序基于虚拟仪器技术设计,可实现远程无线设定塔吊参数和实时监控等功能;

(8) 系统稳定可靠,设计有力矩自保户,故障自诊断,掉电自保护以及动态分区参数存储功能。

系统显示及主要功能包括:

(1) 实现交叉作业塔式起重机间的防碰控制、交叉作业区内工作塔式起重机的数目控制、塔式起重机与周边楼宇的防碰控制、塔式起重机工作区域的范围限定、塔式起重机工作的限速控制和塔式起重机的力矩保护 6 种功能;

(2) 现场终端和地面控制台均可实现对作业塔式起重机群的图形化实时动态监控以及设备参数设置;具有碰撞可能性的塔式起重机信息(初始设定);具有碰撞可能性的塔式起重机状态(实时更新);可通过安全状态指示灯、报警器、各自由度控制回路指示灯等直观示警装置指示工人现场操作;

(3) 当有碰撞危险时,系统可自动切断塔式起重机运行控制电路,降低塔式起重机运行速度或停止塔式起重机危险动作倾向,现场终端设计有控制输出状态指示。

2) 搅拌站、加工厂、材料堆场仓库

(1) 材料靠近使用中心(含混凝土原料)、井架门式起重机;

(2) 安排清洗污水排放通道;

（3）生产临设大小：有参考指标可查，也可根据机械大小操作空间、原料及成品堆放场地据实估算。

砂浆搅拌 $10\sim18m^2$/台，水泥储备天数 $30\sim40d$（材料量＝平均每天用量×储备天数），合肥三鹰精密机械有限公司钢筋调直切断机外形尺寸长×宽×高＝$8530mm\times520mm\times1150mm$（图4-9），日本三菱公司生产的 DC-S115B $360°$全回转全液压三级伸缩混凝土输送泵（最大输送量 $70m^3$/h）外形尺寸为长×宽×高＝$8840mm\times4900mm\times3400mm$，盘条每盘质量应不小于 1t，粗筋长度 9m 每捆 2t。有些参考指标可信度低，如某手册中水泥库面积＝年水泥用量×$(0.4\sim0.5)\times0.7$，钢筋加工厂 $0.15\sim0.35m^2$/t。

预拌砂浆根据砂浆的生产方式，将预拌砂浆分为湿拌砂浆和干混砂浆两大类；干混砂浆和预拌砂浆的区别在有无水。年产 2 万～3 万 t 的干混砂浆生产线，一般情况下会用到 4～6 个原料罐，其中 2 个大罐用于装放散装水泥和粉煤灰，其余小罐用于装放轻钙、重钙、砂、小料等。散装水泥和粉煤灰进罐不需要提升设备，依靠泵车打入。轻钙、重钙、砂、小料等需要使用斗式提升机提入小罐。计量系统在计量螺旋的配合下，把料仓中的原料导入计量仓，通过传感器的数据反馈，实现原料计量。计量好后的物料，通过螺旋输送机导进主斗提机，提升到混合机上部待混料仓中。待混仓可以迅速将待混物料放入无重力混合机，实现干混砂浆连续生产。水泥等大比例原料可通过人工计量经过提升机进入预混仓，纤维素、胶粉等小比例贵重母料可通过电子秤计量投入外加剂料斗。设备投资一般在 10 万～35 万元，一般产量可达 5～15t/h。操作工人 3～5 名，设备高度 6～10m，占地面积 20～30m²。干混砂浆经包装或散装出厂，散装干混砂浆用筒仓或专用运输车运到施工现场，储存在散装移动筒仓（容量 50～500t，其中 50t 筒仓直径 2500mm、高 7200mm，如图 4-10 所示），再用砂浆搅拌机加水搅拌，然后用砂浆泵输送到使用地点。砂浆输送泵外形尺寸为 $2270mm\times980mm\times760mm$，如图 4-11 所示。

图 4-9　钢筋调直切断机实例

图 4-10　干混砂浆筒仓实例

图 4-11   砂浆输送泵实例

施工现场湿拌砂浆储存容器,目前未发现有专业容器,但可以自己用钢板做,也可以用砖砌一个池子,设置一个放料闸(实际可能不是放料,而是铲料或锄料),出口高度稍大于斗车高度。

3)道路

(1)尽量利用永久道路或其路基;即施工项目用永久道路在施工阶段先做路面以下各层供施工使用。

(2)路宽:单车道 3~3.5m(双车道 5~5.5m,消防要求路宽≥4m),转弯半径与车辆类型有关(如单车道二轴载重汽车有一辆拖车内侧最小曲率半径为 12m,双车道转弯可稍急)。

(3)与堆场相互影响:即堆场与道路的设计先后顺序不是绝对的。

(4)考虑环路或倒车场、洗车位置、排水。

水泥混凝土公路路面做法实例:素土夯实→300 厚 5%水泥稳定砂砾层→200 厚 C25混凝土面层,保证起重机、挖机、商混运输车、混凝土泵车、大型运输车辆等交通工具顺利通行。

施工现场出入口洗轮机实例如图 4-12 所示,洗轮机长×宽×厚＝4350mm×2200mm×400mm。

图 4-12   洗轮机实例

4)非生产临设

(1)尽量使用已有房屋;

(2)门口设门卫,办公室靠近施工现场及门口,宿舍、食堂在上风口、侧风向;

(3)面积有参考指标可查,如办公室 3~4m²/人(按干部人数),食堂 0.5~0.8m²/人(按高峰年平均职工人数),浴室 0.07~0.1m²/人(按高峰年平均职工人数),宿舍≥2m²/人;

(4)符合安全、卫生要求。

5）水电管线

设计技术详见施工组织总设计一章。

5.关于施工平面图设计的讨论

1）施工平面图应标注临时设施大小及其定位尺寸；示意图、按比例测量不妥,正如建筑施工平面图或建筑总平面图（图 4-13）一样；

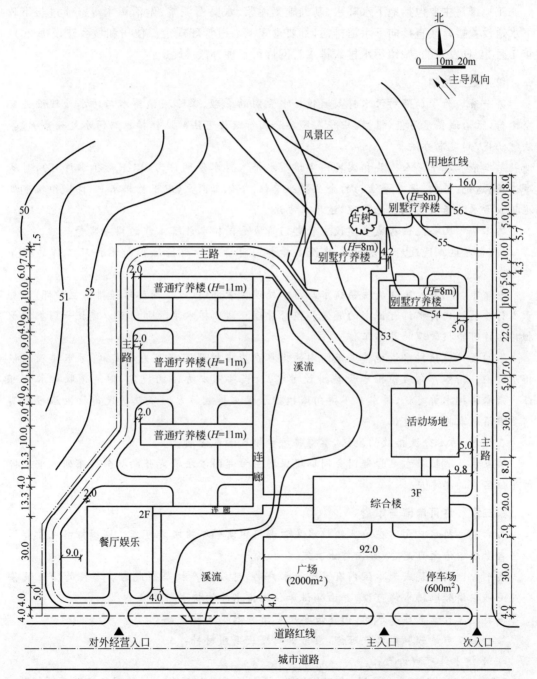

图 4-13　建筑总平面图举例

2）施工平面图图例无统一规定,如塔式起重机、道路、砂堆场,必要时文字注明;

3）单位工程施工平面图 2 号图纸常用比例:1∶200;

4）施工平面图依靠管理调整或维持;所设计施工平面图一经设计确定,则不可随意变动。

6. 工地厕所及工地排污

工地排污主要包括地下水降水、基础施工泥浆、水磨石泥浆、生活污水等。通过与市政下水道设置接口或直接向下水道排污,都要遵守下水道管理规定。住房和城乡建设部 2015年 1 月 22 日发布的《城镇污水排入排水管网许可管理办法 》规定:

第一章　总则

第一条　为了加强对污水排入城镇排水管网的管理,保障城镇排水与污水处理设施安全运行,防治城镇水污染,根据《中华人民共和国行政许可法》《城镇排水与污水处理条例》等法律法规,制定本办法。

第二条　在中华人民共和国境内申请污水排入排水管网许可(以下称排水许可),对从事工业、建筑、餐饮、医疗等活动的企业事业单位、个体工商户(以下称排水户)向城镇排水设施排放污水的活动实施监督管理,适用本办法。

第三条　国务院住房城乡建设主管部门负责全国排水许可工作的指导监督。

省、自治区人民政府住房城乡建设主管部门负责本行政区域内排水许可工作的指导监督。

直辖市、市、县人民政府城镇排水与污水处理主管部门(以下简称城镇排水主管部门)负责本行政区域内排水许可证书的颁发和监督管理。城镇排水主管部门可以委托专门机构承担排水许可审核管理的具体工作。

第四条　城镇排水设施覆盖范围内的排水户应当按照国家有关规定,将污水排入城镇排水设施。排水户向城镇排水设施排放污水,应当按照本办法的规定,申请领取排水许可证。未取得排水许可证,排水户不得向城镇排水设施排放污水。城镇居民排放生活污水不需要申请领取排水许可证。

在雨水、污水分流排放的地区,不得将污水排入雨水管网。

第五条　城镇排水主管部门会同环境保护主管部门依法确定并向社会公布列入重点排污单位名录的排水户。

第二章　许可申请与审查

第六条　排水户向所在地城镇排水主管部门申请领取排水许可证。城镇排水主管部门应当自受理申请之日起 20 日内作出决定。

集中管理的建筑或者单位内有多个排水户的,可以由产权单位或者其委托的物业服务企业统一申请领取排水许可证,并由领证单位对排水户的排水行为负责。

各类施工作业需要排水的,由建设单位申请领取排水许可证。

第七条　申请领取排水许可证,应当如实提交下列材料:

(一)排水许可申请表;

(二)排水户内部排水管网、专用检测井、污水排放口位置和口径的图纸及说明等材料;

（三）按规定建设污水预处理设施的有关材料；

（四）排水隐蔽工程竣工报告；

（五）排水许可申请受理之日前一个月内由具有计量认证资质的水质检测机构出具的排水水质、水量检测报告；拟排放污水的排水户提交水质、水量预测报告；

（六）列入重点排污单位名录的排水户应当提供已安装的主要水污染物排放自动监测设备有关材料；

（七）法律、法规规定的其他材料。

第八条　符合以下条件的，由城镇排水主管部门核发排水许可证：

（一）污水排放口的设置符合城镇排水与污水处理规划的要求；

（二）排放污水的水质符合国家或者地方的污水排入城镇下水道水质标准等有关标准；

（三）按照国家有关规定建设相应的预处理设施；

（四）按照国家有关规定在排放口设置便于采样和水量计量的专用检测井和计量设备；列入重点排污单位名录的排水户已安装主要水污染物排放自动监测设备；

（五）法律、法规规定的其他条件。

施工作业需排水的，建设单位应当已修建预处理设施，且排水符合本条第一款第二项规定的标准。

第九条　排水许可证的有效期为5年。

因施工作业需要向城镇排水设施排水的，排水许可证的有效期，由城镇排水主管部门根据排水状况确定，但不得超过施工期限。

第十条　排水许可证有效期满需要继续排放污水的，排水户应当在有效期届满30日前，向城镇排水主管部门提出申请。城镇排水主管部门应当在有效期届满前作出是否准予延续的决定。准予延续的，有效期延续5年。

排水户在排水许可证有效期内，严格按照许可内容排放污水，且未发生违反本办法规定行为的，有效期届满30日前，排水户可提出延期申请，经原许可机关同意，可不再进行审查，排水许可证有效期延期5年。

第十一条　在排水许可证的有效期内，排水口数量和位置、排水量、污染物项目或者浓度等排水许可内容变更的，排水户应当按照本办法规定，重新申请领取排水许可证。

排水户名称、法定代表人等其他事项变更的，排水户应当在工商登记变更后30日内向城镇排水主管部门申请办理变更。

第三章　管理和监督

第十二条　排水户应当按照排水许可证确定的排水类别、总量、时限、排放口位置和数量、排放的污染物项目和浓度等要求排放污水。

第十三条　排水户不得有下列危及城镇排水设施安全的行为：

（一）向城镇排水设施排放、倾倒剧毒、易燃易爆物质、腐蚀性废液和废渣、有害气体和烹饪油烟等；

（二）堵塞城镇排水设施或者向城镇排水设施内排放、倾倒垃圾、渣土、施工泥浆、油脂、污泥等易堵塞物；

（三）擅自拆卸、移动和穿凿城镇排水设施；

（四）擅自向城镇排水设施加压排放污水。

第十四条　排水户因发生事故或者其他突发事件，排放的污水可能危及城镇排水与污水处理设施安全运行的，应当立即停止排放，采取措施消除危害，并按规定及时向城镇排水主管部门等有关部门报告。

第十五条　城镇排水主管部门应当加强对排水户的排放口设置、连接管网、预处理设施和水质、水量监测设施建设和运行的指导和监督。

第十六条　城镇排水主管部门应当将排水许可材料按户整理归档，对排水户档案实行信息化管理。

第十七条　城镇排水主管部门委托的具有计量认证资质的排水监测机构应当定期对排水户排放污水的水质、水量进行监测，建立排水监测档案。排水户应当接受监测，如实提供有关资料。

列入重点排污单位名录的排水户，应当依法安装并保证水污染物排放自动监测设备正常运行。

列入重点排污单位名录的排水户安装的水污染物排放自动监测设备，应当与环境保护主管部门的监控设备联网。环境保护主管部门应当将监测数据与城镇排水主管部门实时共享。对未与环境保护主管部门的监控设备联网，城镇排水主管部门已进行自动监测的，可以将监测数据与环境保护主管部门共享。

第十八条　城镇排水主管部门应当依照法律法规和本办法的规定，对排水户排放污水的情况实施监督检查。实施监督检查时，有权采取下列措施：

（一）进入现场开展检查、监测；

（二）要求被监督检查的排水户出示排水许可证；

（三）查阅、复制有关文件和材料；

（四）要求被监督检查的单位和个人就有关问题做出说明；

（五）依法采取禁止排水户向城镇排水设施排放污水等措施，纠正违反有关法律、法规和本办法规定的行为。

被监督检查的单位和个人应当予以配合，不得妨碍和阻挠依法进行的监督检查活动。

第十九条　城镇排水主管部门委托的专门机构，可以开展排水许可审查、档案管理、监督指导排水户排水行为等工作，并协助城镇排水主管部门对排水许可实施监督管理。

第二十条　有下列情形之一的，许可机关或者其上级行政机关，根据利害关系人的请求或者依据职权，可以撤销排水许可：

（一）城镇排水主管部门工作人员滥用职权、玩忽职守作出准予排水许可决定的；

（二）超越法定职权作出准予排水许可决定的；

（三）违反法定程序作出准予排水许可决定的；

（四）对不符合许可条件的申请人作出准予排水许可决定的；

（五）依法可以撤销排水许可的其他情形。

排水户以欺骗、贿赂等不正当手段取得排水许可的，应当予以撤销。

第二十一条　有下列情形之一的，城镇排水主管部门应当依法办理排水许可的注销手续：

（一）排水户依法终止的；

（二）排水许可依法被撤销、撤回，或者排水许可证被吊销的；

（三）排水许可证有效期满且未延续许可的；

（四）法律、法规规定的应当注销排水许可的其他情形。

第二十二条 城镇排水主管部门应当按照国家有关规定将监督检查的情况向社会公开。

城镇排水主管部门及其委托的专门机构、排水监测机构的工作人员对知悉的被监督检查单位和个人的技术和商业秘密负有保密义务。

第二十三条 城镇排水主管部门实施排水许可不得收费。

城镇排水主管部门实施排水许可所需经费，应当列入城镇排水主管部门的预算，由本级财政予以保障，按照批准的预算予以核拨。

第四章 法律责任

第二十四条 城镇排水主管部门有下列情形之一的，由其上级行政机关或者监察机关责令改正，对直接负责的主管人员和其他直接责任人员依法给予处分；构成犯罪的，依法追究刑事责任：

（一）对不符合本规定条件的申请人准予排水许可的；

（二）对符合本规定条件的申请人不予核发排水许可证或者不在法定期限内作出准予许可决定的；

（三）利用职务上的便利，收受他人财物或者谋取其他利益的；

（四）泄露被监督检查单位和个人的技术或者商业秘密的；

（五）不依法履行监督管理职责或者监督不力，造成严重后果的。

第二十五条 违反本办法规定，在城镇排水与污水处理设施覆盖范围内，未按照国家有关规定将污水排入城镇排水设施，或者在雨水、污水分流地区将污水排入雨水管网的，由城镇排水主管部门责令改正，给予警告；逾期不改正或者造成严重后果的，对单位处 10 万元以上 20 万元以下罚款；对个人处 2 万元以上 10 万元以下罚款，造成损失的，依法承担赔偿责任。

第二十六条 违反本办法规定，排水户未取得排水许可，向城镇排水设施排放污水的，由城镇排水主管部门责令停止违法行为，限期采取治理措施，补办排水许可证，可以处 50 万元以下罚款；对列入重点排污单位名录的排水户，可以处 30 万元以上 50 万元以下罚款；造成损失的，依法承担赔偿责任；构成犯罪的，依法追究刑事责任。

第二十七条 排水户未按照排水许可证的要求，向城镇排水设施排放污水的，由城镇排水主管部门责令停止违法行为，限期改正，可以处 5 万元以下罚款；造成严重后果的，吊销排水许可证，并处 5 万元以上 50 万元以下罚款，对列入重点排污单位名录的排水户，处 30 万元以上 50 万元以下罚款，并将有关情况通知同级环境保护主管部门，可以向社会予以通报；造成损失的，依法承担赔偿责任；构成犯罪的，依法追究刑事责任。

第二十八条 排水户名称、法定代表人等其他事项变更，未按本办法规定及时向城镇排水主管部门申请办理变更的，由城镇排水主管部门责令改正，可以处 3 万元以下罚款。

第二十九条 排水户以欺骗、贿赂等不正当手段取得排水许可的，可以处 3 万元以下罚款；造成损失的，依法承担赔偿责任；构成犯罪的，依法追究刑事责任。

第三十条 违反本办法规定，排水户因发生事故或者其他突发事件，排放的污水可能危及城镇排水与污水处理设施安全运行，没有立即停止排放，未采取措施消除危害，或者并未按规定及时向城镇排水主管部门等有关部门报告的,城镇排水主管部门可以处3万元以下罚款。

第三十一条　违反本办法规定,从事危及城镇排水设施安全的活动的,由城镇排水主管部门责令停止违法行为,限期恢复原状或者采取其他补救措施,并给予警告;逾期不采取补救措施或者造成严重后果的,对单位处10万元以上30万元以下罚款,对个人处2万元以上10万元以下罚款;造成损失的,依法承担赔偿责任;构成犯罪的,依法追究刑事责任。

第三十二条　排水户违反本办法规定,拒不接受水质、水量监测或者妨碍、阻挠城镇排水主管部门依法监督检查的,由城镇排水主管部门给予警告;情节严重的,处3万元以下罚款。

第五章　附则

第三十三条　排水许可证由国务院住房城乡建设主管部门制定格式,由省、自治区人民政府住房城乡建设主管部门和直辖市人民政府城镇排水主管部门组织印制。

排水许可申请表由国务院住房城乡建设主管部门制定推荐格式,直辖市、市、县人民政府城镇排水主管部门可参照印制。

第三十四条　本办法自2016年3月1日起施行。《城市排水许可管理办法》(建设部令第152号)同时废止。

7. 工地消防

在建工程或工地的可燃物比已经使用建筑的少得多,但发生在工地的火灾并不少,而且损失巨大,社会影响恶劣。

2009年2月9日20时27分,北京市朝阳区东三环中央电视台新址园区在建的附属文化中心大楼工地发生火灾,火势迅速蔓延(图4-14)。央视新建大楼北配楼(央视文化中心大楼),33层,159m高,主体结构已经竣工,但尚未投入使用,只有少量工作人员在此值守。30层左右起火后,大火向上下两端蔓延,消防员赶到时,火势已经蔓延到底层。火灾发生后,中央和北京市有关领导迅即赶赴现场指挥扑救,经过595名消防官兵英勇奋战,次日凌

图4-14　央视文化中心,大楼火灾现场照片

(2009年02月09日22:07　新华网)

晨2时大火被完全扑灭。这场火灾造成央视文化中心大楼外立面严重受损,大楼西、南、东侧外墙装修材料过火,并导致6名消防员和1名工地工作人员受伤,朝阳消防支队红庙中队指导员不幸牺牲。

央视文化中心大楼火灾是业主单位的人不听民警劝阻执意燃放A类烟花,礼花焰火落至工程主体建筑顶部,引燃可燃材料所致。知情者称,该案件拘捕了20多名嫌疑人,除央视和烟花公司的工作人员外,其余的均为央视大楼的设计、施工、监理及原材料供应商。央视大火案件中,北京市建委、质监局5名干部因渎职被立案侦查。

据介绍,由于大楼的装修刚进入尾声,灭火设施不完善,楼内没有灭火的水源,再加上消防部门现有装备灭火能力最高只能达到90多米,因此造成当时灭火困难。目前一般消防车灭火的有效高度不超过50m,即使有云梯车辅助也不会超过100m,直升机灭火也往往效果欠佳,很多情况下只能依靠消防人员入内扑救。此次扑救央视新址火灾,消防部门即使动用了98m云梯车,水枪也难以到达着火的楼顶。

2009年6月23日7时许,位于石家庄市新华路和泰华街交口附近的盛世天骄楼盘内一在建20多层高楼外层防护网突然起火,蹿起的浓烟达10多米高,石家庄市消防部门紧急出动10辆消防车前往灭火,8时许,大火被扑灭。起火原因可能是迸溅的电火花将防护网引燃了。如图4-15所示。

图4-15　石家庄在建高层楼盘起火照片
(河北青年报　李默涵　张燕)

地面风力达到一定程度,云梯车就无法升到极限值展开救援作业(已建成高层火灾中,主要依靠内部消防设施,自动报警、自动喷淋系统、室内消火栓、水泵结合器、消防电梯。消防电梯是在建筑物发生火灾时供消防人员进行灭火与救援使用且具有一定功能的电梯,具有较高的防火要求)。目前消防部队配备的性能优良的新型消防车垂直供水能力也只能到200m左右。据2009年6月22日深圳新闻网报道,按照公安部消防局、省消防总队要求,深圳市消防支队认真研究,多次试验,采取耦合供水的方式,成功将灭火剂供到全市最高楼层。在地王大厦举行大型消防供灭火剂演练中,消防官兵采取两辆消防车与三台机动泵耦合供水的方式,垂直铺设水带,发挥消防装备的最大运作效能,将灭火剂供至楼顶,高度达380m,压力能保证两支16mm口径直流水枪有13m的射程。2009年6月7日下午,湘西支队组织吉首市消防中队 2 辆消防车 15 名消防官兵对吉首大学综合大楼进行了单车供水能力测试。此次测试选用国产消防车辆向高层供水,所涉及的车辆为国产东风 153 中低压泵水罐消防车、五十铃大功率水罐消防车(12t)。战斗员先在电力大楼外部固定好供水路线,使用 80mm 水带向上铺设,每隔 20m 设置一个固定点,采用安全绳、水带挂钩等进行强制固定,水带使用卡口接口连接。经过紧张的准备工作后,16 时 10 分,供水测试开始。在测试过程中,现场指挥员根据具体实战和现场环境情况,时刻注意记录下每一节的测试数据。通过测试,单车顺利地完成了吉首大学综合大楼高层供水任务。但在供水过程中也发现了几点问题:一是在垂直铺设水带时,由于受环境的影响,水带容易出现爆裂,接口脱落等状况。二是装备器材使用缺乏创新,在实际操作使用中不能完全适用于周围环境。三是新战士与老同志之间的配合不够默契,在联合铺设水带过程中浪费了宝贵的时间。

1)工地火灾起因

(1)易燃、可燃材料多,如木材、刨花、油漆、稀料、乙炔瓶、竹笆等;

(2)明火作业多,如电焊、气焊、气割、电炉、喷灯(电焊点火温度达 6000℃,最低温度 700℃);

(3)用电设备多,用电负荷大,线路乱,超负荷、导线绝缘差、短路等造成火花;

(4)施工人员流动性大,消防意识差,不规范用火用电,随意吸烟;

(5)现场消防设施不足,缺少消防水源,消防通道不畅。

2)高层建筑施工火灾特点

(1)火灾蔓延快:楼梯井、电梯井、管道井、电缆井、排气井、垃圾道等竖井吸力大,风力也大;

(2)人员疏散困难;

(3)扑救苦难:建筑内部消防设备尚未投入使用,登高消防车登高能力有限。

3)《建设工程施工现场消防安全技术规范》(GB 50720—2011)主要规定

(1)总平面布局

① 一般规定

临时用房、临时设施的布置应满足现场防火、灭火及人员安全疏散的要求。下列临时用房和临时设施应纳入施工现场总平面布局:施工现场的出入口、围墙、围挡;场内临时道路;给水管网或管路和配电线路敷设或架设的走向、高度;施工现场办公用房、宿舍、发电机房、变配电房、可燃材料库房、易燃易爆危险品库房、可燃材料堆场及其加工场、固定动火作业场等;临时消防车道、消防救援场地和消防水源。

施工现场出入口的设置应满足消防车通行的要求,并宜布置在不同方向,其数量不宜少于 2 个。当确有困难只能设置 1 个出入口时,应在施工现场内设置满足消防车通行的环形道路。施工现场临时办公、生活、生产、物料存贮等功能区宜相对独立布置,防火间距应符合本规范相关规定。固定动火作业场应布置在可燃材料堆场及其加工场、易燃易爆危险品库房等全年最小频率风向的上风侧,并宜布置在临时办公用房、宿舍、可燃材料库房、在建工程等全年最小频率风向的上风侧。易燃易爆危险品库房应远离明火作业区、人员密集区和建筑物相对集中区。可燃材料堆场及其加工场、易燃易爆危险品库房不应布置在架空电力线下。

② 防火间距

易燃易爆危险品库房与在建工程的防火间距不应小于 15m,可燃材料堆场及其加工场、固定动火作业场与在建工程的防火间距不应小于 10m,其他临时用房、临时设施与在建工程的防火间距不应小于 6m。

施工现场主要临时用房、临时设施的防火间距不应小于表 4-9 的规定,当办公用房、宿舍成组布置时,其防火间距可适当减小,但应符合下列规定:每组临时用房的栋数不应超过 10 栋,组与组之间的防火间距不应小于 8m;组内临时用房之间的防火间距不应小于 3.5m,当建筑构件燃烧性能等级为 A 级时,其防火间距可减少到 3m。

表 4-9　施工现场主要临时用房、临时设施的防火间距　　　　　　　　　　　m

	办公用房、宿舍	发电机房、变配电房	可燃材料库房	厨房操作间、锅炉房	厨房操作间、锅炉房	固定动火作业场	易燃易爆危险品库房
办公用房、宿舍	4	4	5	5	7	7	10
发电机房、变配电房	4	4	5	5	7	7	10
可燃材料库房	5	5	5	5	7	7	10
厨房操作间、锅炉房	5	5	5	5	7	7	10
厨房操作间、锅炉房	7	7	7	7	7	10	10
固定动火作业场	7	7	7	7	7		12
易燃易爆危险品库房	10	10	10	10	10	12	12

注:1. 临时用房、临时设施的防火间距按临时用房外墙外边线或堆场、作业场、作业棚边线间的最小距离计算,当临时用房外墙有可燃突出构件时,应从可燃突出构件的外缘算起。2. 两栋临时用房相邻较高一面的外墙为防火墙时,防火间距不限。3. 本表未规定的,可按同等危险性的临时用房、临时设施的防火间距确定。

③ 消防车道

施工现场内应设置临时消防车道,临时消防车道与在建工程、临时用房、可燃材料堆场及其加工场的距离不宜小于 5m,且不宜大于 40m;施工现场周边道路满足消防车通行及灭火救援要求时,施工现场内可不设置临时消防车道。

临时消防车道的设置应符合下列规定:①临时消防车道宜为环形,设置环形车道确有困难时,应在消防车道尽端设置尺寸不小于 12m×12m 的回车场。②临时消防车道的净宽度和净空高度均不应小于 4m。③临时消防车道的右侧应设置消防车行进路线指示标识。④临时消防车道路基、路面及其下部设施应能承受消防车通行压力及工作荷载。

下列建筑应设置环形临时消防车道,设置环形临时消防车道确有困难时,除应按本规范设置回车场外,尚应按规定设置临时消防救援场地:①建筑高度大于 24m 的在建工程。②建筑工程单体占地面积大于 3000m² 的在建工程。③超过 10 栋,且成组布置的临时用房。

临时消防救援场地的设置应符合下列规定:①临时消防救援场地应在在建工程装饰装修阶段设置。②临时消防救援场地应设置在成组布置的临时用房场地的长边一侧及在建工程的长边一侧。③临时救援场地宽度应满足消防车正常操作要求,且不应小于 6m,与在建工程外脚手架的净距不宜小于 2m,且不宜超过 6m。

(2)建筑防火

① 一般规定

临时用房和在建工程应采取可靠的防火分隔和安全疏散等防火技术措施。临时用房的防火设计应根据其使用性质及火灾危险性等情况进行确定。在建工程防火设计应根据施工性质、建筑高度、建筑规模及结构特点等情况进行确定。

② 临时用房防火

宿舍、办公用房的防火设计应符合下列规定：①建筑构件的燃烧性能等级应为 A 级。当采用金属夹芯板材时，其芯材的燃烧性能等级应为 A 级。②建筑层数不应超过 3 层，每层建筑面积不应大于 $300m^2$。③层数为 3 层或每层建筑面积大于 $200m^2$ 时，应设置至少 2 部疏散楼梯，房间疏散门至疏散楼梯的最大距离不应大于 25m。④单面布置用房时，疏散走道的净宽度不应小于 1.0m；双面布置用房时，疏散走道的净宽度不应小于 1.5m。⑤疏散楼梯的净宽度不应小于疏散走道的净宽度。⑥宿舍房间的建筑面积不应大于 $30m^2$，其他房间的建筑面积不宜大于 $100m^2$。⑦房间内任一点至最近疏散门的距离不应大于 15m，房门的净宽度不应小于 0.8m；房间建筑面积超过 $50m^2$ 时，房门的净宽度不应小于 1.2m。⑧隔墙应从楼地面基层隔断至顶板基层底面。

发电机房、变配电房、厨房操作间、锅炉房、可燃材料库房及易燃易爆危险品库房的防火设计应符合下列规定：①建筑构件的燃烧性能等级应为 A 级。②层数应为 1 层，建筑面积不应大于 $200m^2$。③可燃材料库房单个房间的建筑面积不应超过 $30m^2$，易燃易爆危险品库房单个房间的建筑面积不应超过 $20m^2$。④房间内任一点至最近疏散门的距离不应大于 10m，房门的净宽度不应小于 0.8m。

其他防火设计应符合下列规定：①宿舍、办公用房不应与厨房操作间、锅炉房、变配电房等组合建造。②会议室、文化娱乐室等人员密集的房间应设置在临时用房的第一层，其疏散门应向疏散方向开启。

③ 在建工程防火

在建工程作业场所的临时疏散通道应采用不燃、难燃材料建造，并应与在建工程结构施工同步设置，也可利用在建工程施工完毕的水平结构、楼梯。

在建工程作业场所临时疏散通道的设置应符合下列规定：①耐火极限不应低于 0.5h。②设置在地面上的临时疏散通道，其净宽度不应小于 1.5m；利用在建工程施工完毕的水平结构、楼梯作临时疏散通道时，其净宽度不宜小于 1.0m；用于疏散的爬梯及设置在脚手架上的临时疏散通道，其净宽度不应小于 0.6m。③临时疏散通道为坡道，且坡度大于 25°时，应修建楼梯或台阶踏步或设置防滑条。④临时疏散通道不宜采用爬梯，确需采用时，应采取可靠固定措施。⑤临时疏散通道的侧面为临空面时，应沿临空面设置高度不小于 1.2m 的防护栏杆。⑥临时疏散通道设置在脚手架上时，脚手架应采用不燃材料搭设。⑦临时疏散通道应设置明显的疏散指示标识。⑧临时疏散通道应设置照明设施。

既有建筑进行扩建、改建施工时，必须明确划分施工区和非施工区。施工区不得营业、使用和居住；非施工区继续营业、使用和居住时，应符合下列规定：①施工区和非施工区之间应采用不开设门、窗、洞口的耐火极限不低于 3.0h 的不燃烧体隔墙进行防火分隔。②非施工区内的消防设施应完好和有效，疏散通道应保持畅通，并应落实日常值班及消防安全管理制度。③施工区的消防安全应配有专人值守，发生火情应能立即处置。④施工单位应向居住和使用者进行消防宣传教育，告知建筑消防设施、疏散通道的位置及使用方法，同时应组织疏散演练。⑤外脚手架搭设不应影响安全疏散、消防车正常通行及灭火救援操作，外脚手架搭设长度不应超过该建筑物外立面周长的 1/2。

外脚手架、支模架的架体宜采用不燃或难燃材料搭设，下列工程的外脚手架、支模架的架体应采用不燃材料搭设：①高层建筑。②既有建筑改造工程。

下列安全防护网应采用阻燃型安全防护网：①高层建筑外脚手架的安全防护网。②既有建筑外墙改造时，其外脚手架的安全防护网。③临时疏散通道的安全防护网。

作业场所应设置明显的疏散指示标志，其指示方向应指向最近的临时疏散通道入口。作业层的醒目位置应设置安全疏散示意图。

（3）临时消防设施

① 一般规定

施工现场应设置灭火器、临时消防给水系统和应急照明等临时消防设施。临时消防设施应与在建工程的施工同步设置。房屋建筑工程中，临时消防设施的设置与在建工程主体结构施工进度的差距不应超过 3 层。在建工程可利用已具备使用条件的永久性消防设施作为临时消防设施。当永久性消防设施无法满足使用要求时，应增设临时消防设施，并应符合本规范有关规定。施工现场的消火栓泵应采用专用消防配电线路。专用消防配电线路应自施工现场总配电箱的总断路器上端接入，且应保持不间断供电。地下工程的施工作业场所宜配备防毒面具。临时消防给水系统的贮水池、消火栓泵、室内消防竖管及水泵接合器等应设置醒目标识。

② 灭火器

在建工程及临时用房的下列场所应配置灭火器：①易燃易爆危险品存放及使用场所。②动火作业场所。③可燃材料存放、加工及使用场所。④厨房操作间、锅炉房、发电机房、变配电房、设备用房、办公用房、宿舍等临时用房。⑤其他具有火灾危险的场所。

施工现场灭火器配置应符合下列规定：①灭火器的类型应与配备场所可能发生的火灾类型相匹配。②灭火器的最低配置标准应符合表 4-10 的规定。③灭火器的配置数量应按现行国家标准《建筑灭火器配置设计规范》（GB 50140—2005）的有关规定经计算确定，且每个场所的灭火器数量不应少于 2 具。④灭火器的最大保护距离应符合表 4-11 的规定。

表 4-10 灭火器的最低配置标准

项　　目	固体物质火灾		液体或可熔化固体物质火灾、气体火灾	
	单具灭火器最小灭火级别	单位灭火级别最大保护面积/(m²/A)	单具灭火器最小灭火级别	单位灭火级别最大保护面积/(m²/B)
易燃易爆危险品存放及使用场所	3A	50	89B	0.5
固定动火作业场	3A	50	89B	0.5
临时动火作业场	2A	50	55B	0.5
可燃材料存放、加工及使用场所	2A	75	55B	1.0
厨房操作间、锅炉房	2A	75	55B	1.0
自备发电机房	2A	75	55B	1.0
变配电房	2A	75	55B	1.0
办公用房、宿舍	1A	100	—	—

表 4-11　灭火器的最大保护距离　　　　　　　　　　　　　　m

场　　所	固体物质火灾	液体或可熔化固体物质火灾、气体火灾
易燃易爆危险品存放及使用场所	15	9
固定动火作业场	15	9
临时动火作业场	10	6
可燃材料存放、加工及使用场所	20	12
厨房操作间、锅炉房	20	12
发电机房、变配电房	20	12
办公用房、宿舍等	25	—

③ 临时消防给水系统

施工现场或其附近应设置稳定、可靠的水源，并应能满足施工现场临时消防用水的需要。消防水源可采用市政给水管网或天然水源。当采用天然水源时，应采取确保冰冻季节、枯水期最低水位时顺利取水的措施，并应满足临时消防用水量的要求。临时消防用水量应为临时室外消防用水量与临时室内消防用水量之和。临时室外消防用水量应按临时用房和在建工程的临时室外消防用水量的较大者确定，施工现场火灾次数可按同时发生 1 次确定。临时用房建筑面积之和大于 $1000m^2$ 或在建工程单体体积大于 $10\,000m^3$ 时，应设置临时室外消防给水系统。当施工现场处于市政消火栓 150m 保护范围内，且市政消火栓的数量满足室外消防用水量要求时，可不设置临时室外消防给水系统。临时用房的临时室外消防用水量不应小于表 4-12 的规定。

表 4-12　临时用房的临时室外消防用水量

临时用房的建筑面积之和	火灾延续时间/h	消火栓用水量/(L/s)	每支水枪最小流量/(L/s)
$1000m^2$＜面积≤$5000m^2$	1	10	5
面积＞$5000m^2$		15	5

在建工程的临时室外消防用水量不应小于表 4-13 的规定。

表 4-13　在建工程的临时室外消防用水量

在建工程单体体积	火灾延续时间/h	消火栓用水量/(L/s)	每支水枪最小流量/(L/s)
$10\,000m^3$＜体积≤$30\,000m^3$	1	10	5
体积＞$30\,000m^3$		15	5

施工现场临时室外消防给水系统的设置应符合下列规定：①给水管网宜布置成环状。②临时室外消防给水干管的管径，应根据施工现场临时消防用水量和干管内水流计算速度计算确定，且不应小于 DN100。③室外消火栓应沿在建工程、临时用房和可燃材料堆场及其加工场均匀布置，与在建工程、临时用房和可燃材料堆场及其加工场的外边线的距离不应小于 5m。④消火栓的间距不应大于 120m。⑤消火栓的最大保护半径不应大于 150m。

建筑高度大于 24m 或单体体积超过 $30\,000m^3$ 的在建工程，应设置临时室内消防给水系统。在建工程的临时室内消防用水量不应小于表 4-14 的规定。

表 4-14　在建工程的临时室内消防用水量

建筑高度、在建工程单体体积	火灾延续时间/h	消火栓用水量/(L/s)	每支水枪最小流量/(L/s)
24m<建筑高度≤50m 或 30 000m³<体积≤50 000m³	1	10	5
建筑高度>50m 或 体积>50 000m³		15	5

在建工程临时室内消防竖管的设置应符合下列规定：①消防竖管的设置位置应便于消防人员操作，其数量不应少于 2 根，当结构封顶时，应将消防竖管设置成环状。②消防竖管的管径应根据在建工程临时消防用水量、竖管内水流计算速度计算确定，且不应小于 DN100。

设置室内消防给水系统的在建工程，应设置消防水泵接合器（图 4-16、图 4-17，消防水泵是实现消防用水加压的设备，某型号消防水泵技术参数：流量 5～100L/s；压力 0.10～1.25MPa；功率 1.1～250kW；转速 980～2900r/min；口径 50～300mm；温度范围≤120℃）。消防水泵接合器应设置在室外便于消防车取水的部位，与室外消火栓或消防水池取水口的距离宜为 15～40m。

图 4-16　消防水泵实例

图 4-17　水泵接合器实例

设置临时室内消防给水系统的在建工程，各结构层均应设置室内消火栓接口及消防软管接口，并应符合下列规定：①消火栓接口及软管接口应设置在位置明显且易于操作的部位。②消火栓接口的前端应设置截止阀。③消火栓接口或软管接口的间距，多层建筑不应大于 50m，高层建筑不应大于 30m。

在建工程结构施工完毕的每层楼梯处应设置消防水枪、水带及软管，且每个设置点不应少于 2 套。高度超过 100m 的在建工程，应在适当楼层增设临时中转水池及加压水泵。中转水池的有效容积不应少于 10m³，上、下两个中转水池的高差不宜超过 100m。临时消防给水系统的给水压力应满足消防水枪充实水柱长度不小于 10m 的要求；给水压力不能满足要求时，应设置消火栓泵，消火栓泵不应少于 2 台，且应互为备用；消火栓泵宜设置自动启动装置。

当外部消防水源不能满足施工现场的临时消防用水量要求时，应在施工现场设置临时贮水池。临时贮水池宜设置在便于消防车取水的部位，其有效容积不应小于施工现场火灾延续时间内一次灭火的全部消防用水量。施工现场临时消防给水系统应与施工现场生产、生活给水系统合并设置,但应设置将生产、生活用水转为消防用水的应急阀门。应急阀门不应超过 2 个,且应设置在易于操作的场所,并应设置明显标识。严寒和寒冷地区的现场临时消防给水系统应采取防冻措施。

④ 应急照明

施工现场的下列场所应配备临时应急照明:①自备发电机房及变配电房。②水泵房。③无天然采光的作业场所及疏散通道。④高度超过 100m 的在建工程的室内疏散通道。⑤发生火灾时仍需坚持工作的其他场所。

作业场所应急照明的照度不应低于正常工作所需照度的 90%,疏散通道的照度值不应小于 0.5lx。

临时消防应急照明灯具宜选用自备电源的应急照明灯具,自备电源的连续供电时间不应小于 60min。

(4) 防火管理

① 一般规定

施工现场的消防安全管理应由施工单位负责。实行施工总承包时,应由总承包单位负责。分包单位应向总承包单位负责,并应服从总承包单位的管理,同时应承担国家法律、法规规定的消防责任和义务。监理单位应对施工现场的消防安全管理实施监理。施工单位应根据建设项目规模、现场消防安全管理的重点,在施工现场建立消防安全管理组织机构及义务消防组织,并应确定消防安全负责人和消防安全管理人员,同时应落实相关人员的消防安全管理责任。

施工单位应针对施工现场可能导致火灾发生的施工作业及其他活动,制定消防安全管理制度。消防安全管理制度应包括下列主要内容:①消防安全教育与培训制度。②可燃及易燃易爆危险品管理制度。③用火、用电、用气管理制度。④消防安全检查制度。⑤应急预案演练制度。

施工单位应编制施工现场防火技术方案,并应根据现场情况变化及时对其修改、完善。防火技术方案应包括下列主要内容:①施工现场重大火灾危险源辨识。②施工现场防火技术措施。③临时消防设施、临时疏散设施配备。④临时消防设施和消防警示标识布置图。

施工单位应编制施工现场灭火及应急疏散预案。灭火及应急疏散预案应包括下列主要内容:①应急灭火处置机构及各级人员应急处置职责。②报警、接警处置的程序和通信联络的方式。③扑救初起火灾的程序和措施。④应急疏散及救援的程序和措施。

施工人员进场时,施工现场的消防安全管理人员应向施工人员进行消防安全教育和培训。消防安全教育和培训应包括下列内容:①施工现场消防安全管理制度、防火技术方案、灭火及应急疏散预案的主要内容。②施工现场临时消防设施的性能及使用、维护方法。③扑灭初起火灾及自救逃生的知识和技能。④报警、接警的程序和方法。

施工作业前,施工现场的施工管理人员应向作业人员进行消防安全技术交底。消防安全技术交底应包括下列主要内容:①施工过程中可能发生火灾的部位或环节。②施工过程应采取的防火措施及应配备的临时消防设施。③初起火灾的扑救方法及注意事项。④逃生方法及路线。

施工过程中,施工现场的消防安全负责人应定期组织消防安全管理人员对施工现场的消防安全进行检查。消防安全检查应包括下列主要内容：①可燃物及易燃易爆危险品的管理是否落实。②动火作业的防火措施是否落实。③用火、用电、用气是否存在违章操作，电、气焊及保温防水施工是否执行操作规程。④临时消防设施是否完好有效。⑤临时消防车道及临时疏散设施是否畅通。

施工单位应依据灭火及应急疏散预案，定期开展灭火及应急疏散的演练。施工单位应做好并保存施工现场消防安全管理的相关文件和记录，并应建立现场消防安全管理档案。

② 可燃物及易燃易爆危险品管理

用于在建工程的保温、防水、装饰及防腐等材料的燃烧性能等级应符合设计要求。可燃材料及易燃易爆危险品应按计划限量进场。进场后，可燃材料宜存放于库房内，露天存放时，应分类成垛堆放，垛高不应超过 2m，单垛体积不应超过 $50m^3$，垛与垛之间的最小间距不应小于 2m，且应采用不燃或难燃材料覆盖；易燃易爆危险品应分类专库储存，库房内应通风良好，并应设置严禁明火标志。

室内使用油漆及其有机溶剂、乙二胺、冷底子油等易挥发产生易燃气体的物资作业时，应保持良好通风，作业场所严禁明火，并应避免产生静电。施工产生的可燃、易燃建筑垃圾或余料，应及时清理。

③ 用火、用电、用气管理

施工现场用火应符合下列规定：①动火作业应办理动火许可证；动火许可证的签发人收到动火申请后，应前往现场查验并确认动火作业的防火措施落实后，再签发动火许可证。②动火操作人员应具有相应资格。③焊接、切割、烘烤或加热等动火作业前，应对作业现场的可燃物进行清理；作业现场及其附近无法移走的可燃物应采用不燃材料对其覆盖或隔离。④施工作业安排时，宜将动火作业安排在使用可燃建筑材料的施工作业前进行。确需在使用可燃建筑材料的施工作业之后进行动火作业时，应采取可靠的防火措施。⑤裸露的可燃材料上严禁直接进行动火作业。⑥焊接、切割、烘烤或加热等动火作业应配备灭火器材，并应设置动火监护人进行现场监护，每个动火作业点均应设置 1 个监护人。⑦五级（含五级）以上风力时，应停止焊接、切割等室外动火作业；确需动火作业时，应采取可靠的挡风措施。⑧动火作业后，应对现场进行检查，并应在确认无火灾危险后，动火操作人员再离开。⑨具有火灾、爆炸危险的场所严禁明火。⑩施工现场不应采用明火取暖。⑪厨房操作间炉灶使用完毕后，应将炉火熄灭，排油烟机及油烟管道应定期清理油垢。

施工现场用电应符合下列规定：①施工现场供用电设施的设计、施工、运行和维护应符合现行国家标准《建设工程施工现场供用电安全规范》（GB 50194—2014）的有关规定。②电气线路应具有相应的绝缘强度和机械强度，严禁使用绝缘老化或失去绝缘性能的电气线路，严禁在电气线路上悬挂物品。破损、烧焦的插座、插头应及时更换。③电气设备与可燃、易燃易爆危险品和腐蚀性物品应保持一定的安全距离。④有爆炸和火灾危险的场所，应按危险场所等级选用相应的电气设备。⑤配电屏上每个电气回路应设置漏电保护器、过载保护器，距配电屏 2m 范围内不应堆放可燃物，5m 范围内不应设置可能产生较多易燃、易爆气体、粉尘的作业区。⑥可燃材料库房不应使用高热灯具，易燃易爆危险品库房内应使用防爆灯具。⑦普通灯具与易燃物的距离不宜小于 300mm，聚光灯、碘钨灯等高热灯具与易燃物的距离不宜小于 500mm。⑧电气设备不应超负荷运行或带故障使用。⑨严禁私自改装现场供用电设施。⑩应定期对电气设备和线路的运行及维护情况进行检查。

施工现场用气应符合下列规定：①储装气体的罐瓶及其附件应合格、完好和有效；严禁使用减压器及其他附件缺损的氧气瓶，严禁使用乙炔专用减压器、回火防止器及其他附件缺损的乙炔瓶。②气瓶运输时，气瓶应保持直立状态，并采取防倾倒措施，乙炔瓶严禁横躺卧放；严禁碰撞、敲打、抛掷、滚动气瓶；气瓶应远离火源，与火源的距离不应小于10m，并应采取避免高温和防止曝晒的措施；燃气储装瓶罐应设置防静电装置。③气瓶应分类储存，库房内应通风良好；空瓶和实瓶同库存放时，应分开放置，空瓶和实瓶的间距不应小于1.5m。④气瓶使用时，使用前应检查气瓶及气瓶附件的完好性，检查连接气路的气密性，并采取避免气体泄漏的措施，严禁使用已老化的橡皮气管；氧气瓶与乙炔瓶的工作间距不应小于5m，气瓶与明火作业点的距离不应小于10m；冬季使用气瓶，气瓶的瓶阀、减压器等发生冻结时，严禁用火烘烤或用铁器敲击瓶阀，严禁猛拧减压器的调节螺丝；氧气瓶内剩余气体的压力不应小于0.1MPa；气瓶用后应及时归库。

④ 其他防火管理

施工现场的重点防火部位或区域应设置防火警示标识。施工单位应做好施工现场临时消防设施的日常维护工作，对已失效、损坏或丢失的消防设施应及时更换、修复或补充。临时消防车道、临时疏散通道、安全出口应保持畅通，不得遮挡、挪动疏散指示标识，不得挪用消防设施。施工期间，不应拆除临时消防设施及临时疏散设施。施工现场严禁吸烟。

公安消防支队、安全监督管理局、建设局、行政执法局等相关部门可以单独或联合对建筑施工工地开工前消防安全进行专项检查。一查施工（监理）单位是否具有相应等级的资质证书，并在其资质等级许可的范围内承揽工程（承担监理业务）、施工单位是否按照批准的消防设计图纸进行施工安装。二查消防安全责任制落实情况；重点检查消防安全机构、各项防火安全措施、工程防火落实情况以及是否设立防火宣传标志等。三查施工现场用火用电情况；对从事电、气焊工操作的特种作业人员，必须具有相应的岗位资格证书，在进行电、气焊切割作业时，必须按要求实行动火审批制度，设置专人看护，并配备消防器材等。四查临时办公场所和职工宿舍的消防安全情况；宿舍不得设置在在建工程内，严禁使用可燃材料搭设，不得使用明火取暖，不得使用大功率电热器具。五查施工现场消防器材配备情况；施工现场必须配置灭火器，施工现场内配置的灭火、消火栓、消防车通道等消防设施和防火材料是否符合消防要求、是否选用经国家产品认证、国家核发生产许可证，要安排专人负责，合理布置器材摆放位置。六查职工消防安全教育情况；教育从业人员应掌握基本的消防安全常识，会扑救初起火灾，掌握逃生自救等消防安全知识。对检查中发现部分施工工地灭火器过期、工人宿舍有乱拉临时线等现象，要求单位当场改正违规行为，对不能当场改正的下发了限期改正通知书，并督促有关单位立即着手，落实各项整改措施。

4.5 技术经济指标编制

施工组织设计的技术经济指标主要有以下8组，进行施工组织设计时可以选用。

1. 工期

主要指标包括单位工程工期、分部工程工期。

单位工程工期一般指开工到签字验收。开工是施工准备期的结束，房屋建筑工程以开槽或打桩为标志。

施工合同约定开工日期、竣工日期。2000 年监理规范规定总监签署开工令,要求一定的准备、条件;比甲方办理的施工许可证要求详细、更多。工期可索赔。

2. 质量

主要指标包括分部分项工程合格率、单位工程质量目标。

按照《建筑工程施工质量验收统一标准》(GB 50300—2013),分项工程按工种、工艺、材料或设备划分;分部工程按部位、专业划分。建筑工程分 10 个分部:地基基础、主体(含砌砖)、装饰装修(含地面门窗)、屋面、给排水暖、电气、智能建筑、通风空调、电梯、建筑节能。质量评价项目包括主控项目(必须 100%合格)、一般项目(含允差项目,允许专业规范规定的一定合格率)。其中,主控项目是决定安全、节能、环保、主要使用功能的项目;一般项目是主控项目以外的项目,含允差项目。如混凝土工程原材料水泥质量、外加剂质量是主控项目,混凝土工程原材料的矿物参合料质量、骨料质量、水质量是主控项目,配合比的设计是主控项目,首次使用配比的开盘鉴定为一般项目;还有施工的强度等级、原料称量偏差、初凝为主控,施工缝、后浇带、养护为一般项目。

检验批:按楼层、施工段、工程量等划分。检验批质量合格:主控项目抽检合格,一般项目抽检合格,质量记录完整。

分项工程质量合格:所含检验批质量合格,质量记录完整。

分部工程质量合格:所含分项工程质量合格,质量记录完整,主控项目抽检合格,观感合格。观感是用观察(如墙面平整、垂直、窗口顺直等)和必要的测试(如敲击空鼓、点火试验烟道吸力、手摸垃圾道内抹灰等)进行评价。

单位工程质量合格:所有分部工程质量合格,质量记录完整,主要使用功能抽检合格,观感合格。

单位建筑工程质量目标如国家鲁班奖、江苏的扬子杯、南京的金陵杯。

质量不合格包括一般项目不合格率超出规定数值,可以返修或返工后重新评定质量,也可以经检测鉴定认为达到设计要求后验收为合格,或经设计单位核算鉴定认为达到规范和功能要求后验收为合格,或经返修或加固、满足安全和使用要求、处罚责任方后验收为合格。因此,分部分项工程合格率也可以明确为一次验收合格率。

3. 成本

主要指标包括降低成本额及降低成本率、三材(一般指主要材料:钢材、水泥、木材)节约率。

其中,"施工成本"一般包括直接费、间接费,不包括利润、税金;按住建部财政部《建筑安装工程费用项目组成》建标〔2013〕44 号文件,"施工成本"包括人工费、材料费、施工机具使用费、企业管理费、规费,不包括利润、税金。"降低"一般以承包成本为基准(承包可以分多层:对甲方、对公司、对项目部等,也可以预算成本或依照企业自主定价的成本为基准)。三材节约率为与定额(预算定额或施工定额)或企业成本信息之比。例如 2018 年三层砖混结构毛坯房造价为 800~1000 元/m²。

4．安全

主要指标包括安全文明工地。

安全文明工地创建详见本书 4.7 节。

事故起数和死亡人数、受伤人数也可以作为指标，一般可以参照以往水平，如某省建筑业企业安全资格认证（年检）办法规定，企业全年死亡率≤1.5/10 000，重伤≤5/10 000。据 2004 年上半年统计，全国共发生建筑施工事故 487 起、死亡 588 人。根据网络资料，我国每年非正常死亡约 320 万人，其中，道路交通事故死亡约 10 万人，工亡约 13 万人。

5．人

主要指标包括单方用工、定额工日/计划工日、人均产值。

上述指标反映劳动生产率，其中，单方用工=总工日数/建筑面积，人均产值=产值/职工人数，产值与造价包含价值项目相同。

6．机

主要指标包括机械化程度及施工机械完好率、施工机械利用率。

机械化程度=机械完成产值/工程承包价。施工机械完好率=完好时间/在场时间。施工机械利用率=利用时间/在场时间。

7．工厂化程度

工厂化程度=预制厂提供产值/工程承包价。

近年来，装配式结构及其建造技术得到极大的完善与进步，加之劳动力成本的大幅上升，在国家、地方政府大力倡导低碳环保，强化节能减排政策引领的背景下，建筑业开始向绿色化、工业化、信息化方向发展，以装配式建筑为代表的新型建筑工业化重新迎来蓬勃发展的新阶段。装配式建筑起源于欧洲，是预制部品部件在工地装配，实现建筑主体结构构件预制，非承重围护墙和内隔墙非砌筑并全装修，通过推行建筑构件生产标准化和现场施工装配化的新型建造方式来提高工程的建造效率，解决了战后住房的短缺问题。20 世纪 50 年代末我国推广装配式钢筋混凝土单层工业厂房，70 年代引进了装配式大板结构，90 年代末农民工使现浇建筑人工费降低，装配式结构显现出不健全的建造技术和质量问题而陷入发展低谷。装配式建筑按照结构体系主要可以分为单层厂房结构、多层装配式结构、钢结构、木结构以及混合结构。按照《装配式建筑评价标准》（GB/T 51129—2017），装配率=（Q_1＋Q_2＋Q_3）/（100－Q_4），其中，Q_1 为主体结构指标得分，Q_2 为围护墙和内隔墙指标得分，Q_3 为装修和设备管线指标得分，Q_4 为评价项目中缺少的评价项分值总和。装配式建筑评分如表 4-15 所示。

8．临时工程费用比例及临时工程投资比例

临时工程费用比例=（临时工程投资－回收价值＋租赁费）/工程承包价。两层有产权彩钢板房 2013 年湖北省报价约为 290 元/m^2。

表 4-15 装配式建筑评分表

评 价 项		评价要求	评价分值	最低分值
主体结构 （50分）	柱、支撑、承重墙、延性墙板等竖向构件	35%～80%	20～30	20
	梁、板、楼梯、阳台、空调板等构件	70%～80%	10～20	
围护墙和内隔墙 （20分）	非承重围护墙非砌筑	≥80%	5	10
	围护墙与保温、隔热、装饰一体化	50%～80%	2～5	
	内隔墙非砌筑	≥50%	5	
	内隔墙与管线、装修一体化	50%～80%	2～5	
装修和设备管线 （30分）	全装修	—	6	—
	干施工法楼面、地面	≥70%	6	
	集成厨房	70%～90%	3～6	
	集成卫生间	70%～90%	3～6	
	管线分离	50%～70%	4～6	

注：预制部品部件的应用比例＝预制量/总量。

4.6 施工准备工作计划编制

工程施工需要处理复杂的技术问题，耗用大量的物资，使用众多的人力，动用许多的机械设备，涉及范围很广，因而是一个非常复杂的过程。为了保证工程顺利开工和施工活动正常进行，在工程开工之前，必须认真做好充足的施工准备。

施工准备工作的基本任务就是为拟建工程的施工建立必要的技术和物质条件，统筹安排施工力量和施工现场。它是施工企业搞好目标管理，推行技术经济承包的重要依据。同时还是土建施工和设备安装顺利进行的根本保证。认真做好施工准备工作，对于发挥企业优势、合理供应资源、加快施工速度、提高工程质量、降低工程成本、增加企业经济效益、赢得企业社会信誉、实现企业管理现代化等具有重要的意义。

随着社会的发展，工程项目的建设规模越来越大（如三峡工程），功能越来越复杂，造价越来越高，需要越来越多行业的配合，准备工作是否充分直接关系到工程的成败。因此在工程施工前做好各项准备工作就显得越来越重要，越来越迫切。

1. 施工准备工作的内容及分类

施工准备工作不仅要在拟建工程开工之前进行，而且随着施工的进展，在各个施工阶段开工之前都要做好该阶段的施工准备工作。施工准备工作既要有阶段性，又要有连贯性，必须有计划、有步骤、分期和分阶段进行，它贯穿于拟建工程整个施工过程中。施工准备工作，必须实行统一领导和分工负责的制度。

工程项目施工准备工作按其性质及内容通常分为组织准备、物资准备、技术准备、现场准备，有时还有季节施工准备（亦即冬雨期施工准备）。技术准备是施工准备的核心，包括施工条件（或原始资料）的调查分析，熟悉、审查施工图纸和有关的设计资料，编制施工预算，编制施工组织设计,技术交底。

按施工准备工作的服务对象不同,一般可分为全场性施工准备、单位工程施工准备和分部分项工程施工准备三种。按施工准备所处的施工阶段不同,一般可分为开工前的施工准备和各施工阶段的施工准备两种。

冬期施工准备主要包括:外加剂准备,以降低砂浆或混凝土结冰温度或加快强度增长速度、减轻冰涨应力;加热器材,给材料(水、水泥、砂等)加热;保温器材,给工程构件或材料保温;测温器材,掌握构件、环境温度。雨期施工准备主要包括防洪、排水(道路、基坑)、防雨(怕水材料、刚浇注混凝土)。

技术交底,是交底一方告诉被交底一方如何工作。有时被交底一方并不是不知道一项工作的工作方法,而是他必须按照交底一方明确的方法去做,如地砖的铺贴有不同方法,方法一:用1∶4的干硬性水泥砂浆铺平→摆放地砖并用胶锤锤击→掀开地砖撒干水泥面→再次摆放地砖并用胶锤锤击;方法二:水泥砂浆铺平→向砂浆浇素水泥浆或地砖背面抹水泥净浆→摆放地砖并用胶锤锤击。交底一方选择方法并向被交底一方交底。交底的方式往往要分层交底,也可以是参观实际做法交底,但一般应是书面交底。书面交底要求交底方、被交底方签字,可以明确责任、明确要求;不应该由做资料的人代签。分层交底:企业技术负责人向项目部技术负责人交底,项目部技术负责人向班组长交底,班组长向操作工人交底。交底的必要性:交底是交底一方所负有的技术管理权力和责任,是在备选方法中做出选择。

全场性施工准备是指以整个建设项目的施工为服务对象而进行的各项施工准备。其特点是施工准备工作的目的、内容带有全局性。全场性施工准备不仅要为全场性的施工活动创造有利条件,而且要兼顾单位工程施工条件的准备。全场性施工准备由现场施工总包单位负责全面规划和日常管理。

单位工程施工准备是指以一个建筑物或构筑物为对象而进行的施工条件准备工作,准备工作的目的、内容都是为单位工程施工服务的,是全场性施工准备的继续和具体化,要求做得细致,预见到施工中可能出现的各种问题,能确保单位工程均衡、连续、科学合理地施工。它不仅为该单位工程在开工前做好一切准备,而且要为分部分项工程做好施工准备工作。单位工程的施工准备由单位工程负责人组织进行。

分部分项工程施工准备是指以一个分部分项工程为对象而进行的作业条件准备。分部分项工程作业条件的准备由分部分项工程负责人组织进行。

2. 施工准备工作计划

施工准备工作计划主要包括施工准备工作内容 what、负责单位落实协作单位 who、完成时间 when(并无 why、where、how,作者注)。施工准备工作计划格式如表 4-16 所示。

表 4-16　施工准备工作计划格式

序号	施工准备内容	负责单位	负责人	配合单位	起止时间		备注
					月日	月日	

3. 施工条件(或原始资料)的调查分析

施工条件(或原始资料)的调查一般针对施工地区的自然条件、技术经济条件,分析这些条件对施工的影响。

1) 自然条件

自然条件包括地形、地质、气象条件。资料来源:地形图(建设区域、建设地点)、工程地质勘查报告(地质构造、土的性质和类别、地基土的承载力、地震级别和烈度,地下水位及变化情况,含水层的厚度、流向、流速和水质等情况)、水文地质勘查报告(河流流量和水质、最高洪水和枯水期的水位)、气象资料(气温、风、霜、雨、雪、雷、电)。

上述资料与施工的主要相关关系:地形条件与场地布置、水电路的布置、周边安全设施设置等相关;地质条件与验槽、土方开挖方式(正铲挖土机或反铲挖土机)、降水方式、回填土、湖河水利用(运输、搅拌、饮用等)等有关;气温与混凝土强度增长有关进而与模板拆除时间有关,风与塔式起重机工作有关(大于六级风塔式起重机应停止工作),雨天不能进行混凝土浇筑、外装饰施工,雪融化后对路面、脚手架造成影响,雷电对高出在建建筑的塔吊、脚手架造成影响。

2) 技术经济条件

技术经济条件包括当地施工企业、材料、交通运输、给排水、供电、供热、供气、劳动力、生活供应、教育、医疗卫生、消防、治安状况、施工现场的动迁状况。这些条件显然与施工相关。

4. 熟悉、审查施工图纸和有关的设计资料(如标准图等)

审查施工图纸可以从以下角度进行。

1) 与法规是否符合

《北京青年报》报道,2011 年 11 月 9 日很多业主拒绝收房,依据公安部消防局规定,2011 年 3 月 14 日以后,所有住宅工程的外墙外保温材料必须使用防火性能达到 A 级(不燃)的材料,开发商没有执行这一规定。有业主用钥匙戳破墙体,发现里面是白色颗粒状的保温材料,为"模塑聚苯乙烯发泡板"(EPS,俗称苯板),和购房合同中明确的外墙外保温材料一致,属于 B2 级(可燃)外墙外保温防火材料。我国外墙保温材料燃烧性能分四级:易燃(B3)、可燃(B2)、难燃(B1)、不燃(A)。目前市场上 A 级外墙外保温材料多为岩棉类材料,生产过程高能耗高污染,涂料或者外墙砖会直接贴在抹了砂浆的外墙保温材料上,这就要求保温材料要有一定的硬度,岩棉板肯定不行,模塑聚苯乙烯发泡板可以。目前相关部门没有出台这类材料施工工艺和验收标准,也不敢用。北京乃至全国各地,2009 年、2010 年这两年内开工的住宅工程均出现类似问题。2012 年 12 月 3 日,公安部消防局决定取消执行 2011 年 3 月 14 日颁布的《关于进一步明确民用建筑外保温材料消防监督管理有关要求的通知》(65 号文)。

2) 有无遗漏、矛盾和错误

审查内容包括图纸与说明书,尺寸、坐标、标高方面,建筑、结构与设备,主体与装饰。遗漏如某医院工程二层结构比一层结构多很多面积,意味着二层一些房间为空中楼阁。矛盾如门后开关,即打开房间门后房间灯开关被门扇遮挡。错误如某高层综合楼设计因出图时间紧迫而采取边设计边施工,造成上屋面楼梯间靠里的轴线位置最终靠外。

3）生产能力、方便与否

审查施工单位的生产能力、方便与否，尤其针对复杂、难、新项目。如某楼外立面清水混凝土试做若干次方达到设计院要求。又如某砖混结构工程外角构造柱在墙体内漏比外漏便于支模施工。又如某酒店工程梁板柱混凝土等级变为统一，便于施工。

4）其他合理化建议

如审图发现某酒店、商住楼结合部共用一个承台基础，由于两个工程结构承重荷载不同，所产生沉降量也不同，为了房屋质量安全，建议分开独立处理。又如底层基础以上回填土较深，一层地面混凝土建议增加钢筋网片。

熟悉、审查设计图纸的程序通常分为自审、会审和现场签证三个阶段。图纸会审在统一认识的基础上，对所讨论的问题逐一做好记录，形成"图纸会审纪要"，由建设单位正式行文，三方共同会签并盖公章，作为指导施工和工程结算的依据。施工中，施工条件与图纸的条件不符，发现图纸错误，材料规格、质量不能满足设计要求，施工单位提出了合理化建议，应遵循签证制度；如果设计变更对拟建工程的规模、投资影响较大时，要报请项目的原批准单位批准。图纸会审一般由建设单位组织，又称设计技术交底会。

5. 编制施工预算

施工预算是根据投标报价、施工定额等文件进行编制的，它直接受投标报价的控制。它是施工企业内部控制用工量（签发施工任务单）、用料量（限额领料），控制成本支出、"两算"对比（施工图预算、施工预算）、经济核算的依据。

施工图预算按照工程预算定额及其取费标准而确定的有关工程造价的经济文件，它是施工企业签订工程承包合同、工程结算、申请建设银行拨付工程价款、进行成本核算、加强经营管理等方面工作的重要依据。施工图预算与投标报价的主要区别是后者可参照前者自主调整，投标报价是市场经济中的竞争方式。

6. 物资准备

"物资"主要指机具、材料（含构件、预埋件、模架材料、工艺设备）。物资准备的主要内容有：签订购买、租赁合同；施工机具材料进场及材料试验申请。材料经试验方可使用，这与工程实体检验如钢筋焊接取样实验或混凝土取样实验不一样，而材料试验需要时间，如混凝土配比、砂浆配比都要求28d抗压强度，需要提前准备好。物资准备工作通常按如下程序进行：

（1）根据施工预算、分部分项工程施工方法和施工进度的安排，拟定材料、构（配）件及制品、施工机具和工艺设备等物资的需要量计划；

（2）根据各种物资需要量计划，组织货源，确定加工、供应地点和供应方式，签订物资供应合同；

（3）根据各种物资的需要量计划和合同，拟订运输计划和运输方案；

（4）按照施工总平面图的要求，组织物资按计划时间进场，在指定地点，按规定方式进行储存或堆放。

7. 组织准备

劳动组织主要指管理人员、工人或专业施工队。组织准备的主要内容如下。

1）组建项目部

项目部的建立应遵循以下的原则：根据拟建工程项目的规模、结构特点和复杂程度，确定拟建工程项目施工的领导机构人选和名额；遵循合理分工与密切协作相结合，因事设职与因职选人的原则，建立有施工经验、有开拓精神和工作效率高的施工项目领导机构。

2）签订专业承包分包合同、劳务分包合同

3）建立健全各项管理制度

工地的各项管理制度是否建立、健全，直接影响其各项施工活动的顺利进行。有章不循其后果是严重的，而无章可循更是危险的。为此必须建立、健全工地的各项管理制度。

工地的各项管理制度通常有：工程质量检查与验收制度，工程技术档案管理制度，材料（构件、配件、制品）的检查验收制度，技术责任制度，施工图纸学习与会审制度，技术交底制度，职工考勤、考核制度，工地及班组经济核算制度，材料出入库制度，安全操作制度，机具使用保养制度。

4）劳动力进场

劳动力进场后，进行安全、文明、技术等方面的教育、培训、交底，并安排好生活。

职工的生活包括衣、食、住、行、医疗、文化等方面。

交底可逐级进行。交底内容通常包括：工程施工进度计划和月、旬作业计划，各项安全技术措施、降低成本措施和质量保证措施，质量标准和验收规范要求以及设计变更和技术核定事项等，都应详细交底，必要时进行现场示范；同时健全各项规章制度，加强遵纪守法教育。

施工组织设计、计划和技术交底的目的是把拟建工程的设计内容、施工计划和施工技术等要求，详尽地向施工班组和工人讲解交代，这是落实计划和技术责任制的好办法。

施工组织设计、计划和技术交底的时间在单位工程或分部分项工程开工前及时进行，以保证工程严格地按照设计图纸、施工组织设计、安全操作规程和施工验收规范等要求进行施工。

施工组织设计、计划和技术交底的内容有工程的施工进度计划、月（旬）作业计划；施工组织设计，尤其是施工工艺；质量标准、安全技术措施、降低成本措施和施工验收规范的要求；新结构、新材料、新技术和新工艺的实施方案和保证措施；图纸会审中所确定的有关部位的设计变更和技术核定等事项。交底工作应该按照管理系统逐级进行，由上而下直到工人班组。交底的方式有书面形式、口头形式和现场示范形式等。

班组、工人接受施工组织设计、计划和技术交底后，要组织其成员进行认真的分析研究，弄清关键部位、质量标准、安全措施和操作要领。必要时应该进行示范，并明确任务及做好分工协作，同时建立健全岗位责任制和保证措施。

8. 现场准备

现场准备的主要内容：三通一平、测量放线、搭设临时设施、施工机具安装调试。清除障碍物属于三通一平。

1）三通一平

"三通一平"是指水通（包括上水、下水）、电通（包括强电、弱电。弱电指电话和网络，目前已不须特别准备）、路通和平整场地。"三通一平"涉及园林、电力、通信、文物、自来水、煤气、热力、市政等部门或向有关主管部门报批。房地产开发地块有"七通一平"的说法，"七通"指水（上水、下水）、电（强电、弱电）、路、煤气、暖气。

障碍物分地上、地下；包括旧建筑（含防空洞）、树木、电力通信电线电缆（地上、地下）、文物、管线（上下水、煤气、热力）。

2）测量放线

按总平面图及坐标桩、水准基桩、红线桩放线。放线员工作要经项目部技术负责人、监理、规划部门（对有红线情况）验线。

3）搭设临时设施

其他临时设施主要包括房屋（办公、休息、餐饮、文化、娱乐、商业等）、堆场、作业棚、围墙、水电等。一般来说，临时设施建设需规划、市政、消防、交通、环保、市容、防疫等部门审批。

4）施工机具安装调试

施工机具主要指塔吊、钢筋加工机械等。

按照施工机具需要量计划，按施工平面图的要求，组织施工机械、设备和工具进场，并按规定地点和方式存放，对于固定的机具要进行就位、搭棚、接电源、保养和调试等工作。对所有施工机具都必须在开工之前进行检查和试运转。设备应由专人负责，操作人员应持证上岗。根据工程量大小、现场情况，分期分批组织进场，以免造成窝工和资源浪费，保证发挥最大效益。

各项施工准备工作不是分离的、孤立的，而是互为补充，相互配合的。为了提高施工准备工作的质量、加快施工准备工作的速度，必须加强建设单位、设计单位和施工单位之间的协调工作，建立健全施工准备工作的责任制度和检查制度，使施工准备工作有领导、有组织、有计划和分期分批地进行，贯穿施工全过程的始终。

开工前的施工准备工作完成，即可根据有关规定申领施工许可证、开工。

4.7 文明工地创建

本节按照江苏省建管局 2008 年发布的"关于加强省级文明工地管理工作的通知"、2009年发布的《江苏省建筑工程省级文明工地现场考核评分表》编写。

1. 省级文明工地的申报

1）省级文明工地创建以施工现场规范化管理为基础，以保证工程建设活动安全质量为目标，实行文明工地、平安工地同创制度，省文明工地包含省平安工地，统称为省级文明工地（省级文明工地申报、考核和评审程序见后文）。

2）申报省级文明工地的工程在开工前要制定创建目标，并由申报企业向工程所在地建设（筑）行政主管部门申请批准。各地建设（筑）行政主管部门在每个月的最后一周，将本地区有创建省级文明工地目标的工程项目汇总后，报省建筑工程管理局质量安全技术处备案。没有在省备案的工程项目，不得进行省级文明工地申报。

3）凡发生重大质量事故、生产安全死亡事故的工程不得申报省级文明工地。

4）凡在县级以上建设（筑）主管部门组织检查的过程中被通报批评的工程项目不得申

报省级文明工地。

2. 省级文明工地的考核

1) 省级文明工地的现场考核工作由省建筑工程管理局质量安全技术处从建筑安全、劳动保护、平安创建专家库中随机抽取专家,组成若干现场考核组进行现场考核。专家组成员每次更换三分之一,并根据专业特长和年龄情况(最大年龄不超过60周岁)确定组合。

2) 现场考核组应当根据省级文明工地考核评分标准,结合考核项目现场管理实际,以及工程所在地建设(筑)行政主管部门对考核项目二次考核的意见进行考核评价、评分,提出考核报告。考核报告由考核组组长和考核组成员联署。

3) 省级文明工地的现场考核实行百分评分制。评分标准分安全管理、安全防护、临时用电和机械设备、文明施工、平安创建以及管理人员安全基本知识六部分。安全基本知识主要考核项目管理人员对安全生产知识的掌握程度,试题从题库中随机抽取。

4) 考核专业分类。根据我省情况主要分七大类专业:房屋建筑工程、市政公用工程、装饰工程、工业设备安装工程、交通工程、电力工程、水利水电工程。各类专业的评分标准和考核内容另行制定(房屋建筑部分见后文)。

5) 考核工作结束后,省建筑工程管理局质量安全技术处要及时汇总考核情况,整理考核资料,并根据专家组的意见和建议向省建筑施工文明工地审定委员会提出综合考核报告和考核项目的评价意见。

3. 省级文明工地的评审

1) 对经省级文明工地考核总分为85分以上的建设工程及其承包单位予以公示,公示的时间为5个工作日。公示期间无反馈意见或者反馈意见经复核后仍符合规定条件的工程项目,提交省建筑施工文明工地审定委员会审定。

2) 省建设厅、省建筑工程管理局、省建设工会对经省建筑施工文明工地审定委员会审定,符合建筑施工省级文明工地标准的在建工程授予"江苏省建筑施工省级文明工地"称号,并予以公告。

4. 省级文明工地的管理

1) 省级文明工地的考核每年进行四次。即一、三季度在最后一个月的下旬进行,二、四季度在最后一个月的上旬进行。

2) 省级文明工地的表彰活动每年上半年、下半年各进行一次。

3) 各地根据工程进展情况,及时上报符合申报条件的工程项目。如遇特殊情况,由省建筑工程管理局组织专家及时进行考核、对已完工工程项目一律不予考核和评审。

4) 省级文明工地申报、考核、评审资料由省建筑工程管理局质量安全技术处归档,自发文公告起保存一年,一年后自动失效。

5) 省级文明工地实行动态管理。对有明确的创建省级文明工地目标的工程项目,省建筑工程管理局将不定期组织或委托市、县建设(筑)行政主管部门组织现场抽查,进行现场考核评价、评分,并形成中期考核意见。对取得省级文明工地称号以后,放松管理,被市、县级以上建设(筑)行政主管部门通报批评,或者发生重大质量事故、生产安全死亡事故的工程,取消省级文明工地称号。

5. 江苏省省级文明工地申报、考核和评审程序

江苏省省级文明工地申报、考核和评审程序如图 4-18 所示。

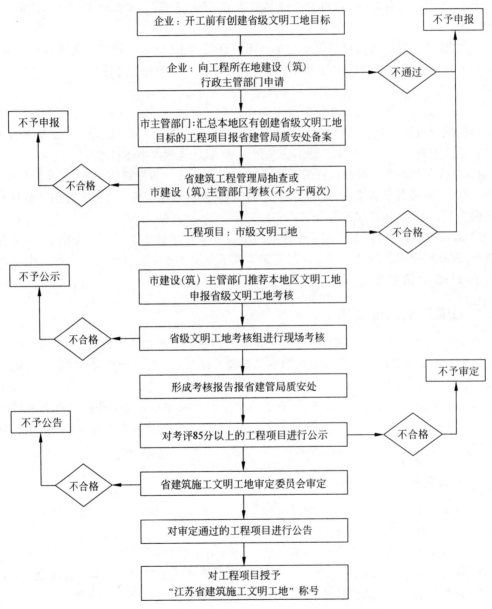

图 4-18　江苏省省级文明工地申报、考核和评审程序

6.《江苏省建筑工程省级文明工地现场考核评分表》(房屋建筑工程)

《江苏省建筑工程省级文明工地现场考核评分表》于 2009 年发布,房屋建筑工程省级文

明工地考核评分表如表 4-17～表 4-21 所示。

表 4-17　现场安全管理考核评分表(房屋建筑工程)

项目名称：　　　　　　　　　　　　　　　　　　　　项目经理：

序号	分项内容	扣 分 标 准	标准分	扣减分数	实得分数
1	安全管理	1. ★总包或分包单位无安全生产许可证,项目经理、专职安全员无安全生产考核合格证; 2. ★无安全生产责任制; 3. ★无安全生产组织机构和专职人员; 4. ★未制订事故应急预案; 5. 无安全目标管理扣 10 分; 6. 未编制专项施工方案每缺一项扣 10 分; 7. 未进行安全三级教育扣 10 分; 8. 无安全技术交底或交底手续不全扣 10 分; 9. 未进行班组安全活动扣 10 分; 10. 未进行定期安全检查扣 10 分; 11. 对事故隐患未及时进行整改每发现一次扣 5 分; 12. 管理人员、特种作业人员未持证上岗,每发现一人扣 5 分; 13. 无现场安全标志布置平面图扣 10 分; 14. 未建立安全、保卫、防火、治安等制度扣 15 分; 15. 对市政管网和周边建、构筑物,供电设施未制定防护措施扣 8 分; 16. 其他。			
考核时间		总　计	100		
考核人					

注：★项目为保证项目,缺少保证项目的工地不得参加省级文明工地、平安工地的评选。

表 4-17 中,"安全三级教育"指新入厂职员和工人的厂级安全教育(公司级)、车间级安全教育(部门级)和岗位(班组级)安全教育。

表 4-18　现场安全防护考核评分表(房屋建筑工程)

项目名称：　　　　　　　　　　　　　　　　　　　　项目经理：

序号	分项内容	扣 分 标 准	标准分	扣减分数	实得分数
1	三宝四口	1. 未正确使用安全帽、安全带每人扣 2 分; 2. 未使用安全网封闭或使用不合格的安全网扣 25 分; 3. "四口""临边"每有一处不符合要求的扣 2 分; 4. 防护设施未做到定型化、工具化的扣 10 分; 5. 电梯井、管道井、内防护不合格扣 10 分; 6. 通道口、设备防护棚等防护不符合要求每有一处扣 5 分; 7. 其他。			
	小　计		50		

续表

序号	分项内容	扣 分 标 准	标准分	扣减分数	实得分数
2	脚手架 (模板支撑)	1. ★无搭设方案或编制、审批不符合要求； 2. 脚手架未按专项方案搭设的扣 15 分； 3. 脚手钢管未油漆、锈蚀严重或搭设不规范扣 20 分； 4. 落地脚手架立杆基础不符合要求扣 15 分； 5. 连墙件设置或构造不符合要求扣 15 分； 6. 卸料平台未做到工具化、定型化的扣 10 分； 7. 混凝土输送泵管、卸料平台、模板支撑、缆风绳等与脚手架固定每发现一处扣 10 分； 8. 悬挑脚手架的悬挑梁未用型钢或型钢变形严重或悬挑架采用扣件连接的扣 25 分； 9. 整体提升脚手架未经鉴定的扣 25 分； 10. 脚手架、模板支撑系统无验收手续的扣 10 分； 11. 其他。			
	小　计		50		
	考核时间		总　计	100	
	考 核 人				

注：★项目为保证项目，缺少保证项目的工地不得参加省级文明工地、平安工地的评选。

　　表中，"三宝"是指施工中工人佩戴的安全帽、安全带以及安全网。"四口"是指楼梯口、电梯口、预留洞口、通道口，通道口两侧应该采取封闭措施，上面设置两道防护棚，防护棚间距为 500mm，板厚为 50mm；洞口处悬挂警示标志；楼梯口必须采取封挡措施，防止人员随意出入；预留洞口小于 300mm，加设固定盖板，大于 300mm，四周加设护栏；电梯井口必须加设固定护网，高度不小于 1.2m。"临边"是指阳台周边、屋面周边、楼梯侧边、框架结构楼层周边以及基坑周边，所有这些临边部位必须加设两道栏杆，高度不低于 1.2m。

　　表 4-19 中，"三级配电两级保护系统"指在总配电箱下设分配电箱，分配电箱以下设开关箱，开关箱以下就是用电设备，形成"三级配电"；"两级保护"指在末级开关箱内加装漏电保护器外，在上一级分配电箱或总配电箱中再加装一级漏电保护器。"TN-S 接零保护系统"详见本书施工组织总设计一章。"保护接地"是将用电设备与带电体相绝缘的金属外壳和接地装置作金属连接；"保护接零"是在 TN 供电系统中受电设备的外露可导电部分通过保护线 PE 线与电源中性点连接，而与接地点无直接联系；"工作接地"是在电源中性点与接地装置做金属连接；"重复接地"是在工作接地以外，在专用保护线 PE 上一处或多处再次与接地装置相连接。"五芯线"是有 5 个相互绝缘的芯线，其外面又有包裹这 5 个芯线的塑料护套或钢铠加塑料护套。"安全电压"是指不使人直接致死或致残的电压，一般环境条件下允许持续接触的"安全特低电压"是 36V，行业规定安全电压不高于 36V，持续接触安全电压为 24V，安全电流为 10mA，电击对人体的危害程度，主要取决于通过人体电流的大小和通电时间长短。

表 4-19 现场临时施工用电、机械设备考核评分表（房屋建筑工程）

项目名称： 项目经理：

序号	分项内容	扣 分 标 准	标准分	扣减分数	实得分数
1	临时施工用电	1. ★现场临时用电设计方案或变更方案的编制、审核、批准和验收不符合程序； 2. 未采用三级配电两级保护系统、未采用 TN-S 接零保护系统，每项各扣 15 分； 3. 定期检查和复查手续不全扣 5 分； 4. 保护接地和保护接零混用扣 10 分，重复接地装置不符合规范每处扣 2 分； 5. 外电线路的防护和电气设备的防护不符合规范要求，每一处扣 3 分； 6. 配电室无标志牌、警告牌扣 10 分，配电室设置和安全装置、消防设施不符合规范要求，每发现一处扣 2 分； 7. 配电线路、电缆未采用五芯线和 PE 线不用绿/黄双色线敷设，每项扣 10 分，配电线路架设等不符规范要求，每处扣 2 分； 8. 每台用电设备无专用开关箱，漏电保护器选择不符合规范和配电箱、开关箱电源进线采用插头插座做活动连接，每项各扣 10 分，配电箱及开关箱设置、选择、使用和维护不符合规范要求，每发现一处扣 2 分； 9. 电动机械和手持式电动工具未按规范使用保养，每发现一处扣 2 分； 10. 未按规范要求使用安全电压每一处扣 10 分，照明供电和照明装置不符合规范，每发现一处扣 2 分； 11. 用铜丝或其他金属材料代替熔断丝，每发现一处扣 10 分； 12. 其他。			
		小 计	50		
2	施工机械	1. ★塔式起重机、施工电梯、整体提升脚手架等设备装、拆无方案的编制、审核、批准和验收不符合程序； 2. ★塔式起重机、施工电梯、整体提升脚手架等设备装、拆单位无相应资质； 3. 使用的设备未经登记备案的每发现一台扣 20 分； 4. 使用淘汰或安全性能差的机械设备每发现一台扣 20 分； 5. 使用噪声超标的机械设备每发现一台扣 5 分； 6. 塔式起重机等大型机械设备使用前未经安装质量验收的每发现一台扣 15 分； 7. 塔式起重机、物料提升机安全装置不全或失灵的发现一处扣 10 分； 8. 塔式起重机基础坑积水或被杂物埋设的扣 5 分； 9. 井架缆风绳或附墙装置不符合要求扣 10 分； 10. 设备维修保养状况较差或无维修保养记录扣 10 分； 11. 机械设备接零接地不符合要求的每发现一台扣 3 分； 12. 使用平刨和圆盘锯合用一台电机的多功能木工机械扣 10 分； 13. 中小型机械安全防护装置不符合要求每发现一处扣 5 分； 14. 无限重或警示标识扣 5 分； 15. 其他。			
		小 计	50		
考核时间			总 计	100	
考核人					

注：★项目为保证项目，缺少保证项目的工地不得参加省级文明工地、平安工地的评选。

表 4-20 现场文明施工考核评分表(房屋建筑工程)

项目名称: 项目经理:

序号	分项内容	扣 分 标 准	标准分	扣减分数	实得分数
1	临时设施	1. ★在建工程兼宿舍的扣 25 分; 2. 未按总平面图布置临时设施的扣 10 分; 3. 办公生活区与作业区未明显划分的扣 15 分; 4. 使用混凝土预制式活动板房作职工宿舍的扣 25 分; 5. 宿舍内通风、采光差,不整洁的扣 10 分; 6. 宿舍内人均面积不足 $2m^2$ 或双人合睡一铺的扣 10 分; 7. 宿舍内乱拉乱接电线、使用电炉、电饭煲,冬季使用大功率取暖设备的扣 15 分; 8. 食堂无卫生制度、卫生许可证的扣 10 分; 9. 炊事员无健康证或穿戴、操作不文明的扣 8 分; 10. 食堂生熟食未分开,无防蝇措施的扣 10 分; 11. 食堂无吊顶,四周、地面未贴瓷砖、无排烟设施的扣 10 分; 12. 厕所无水冲设备、无专人打扫,污垢、臭味重的扣 10 分; 13. 操作层无小便设施,工人随地大小便每发现一处扣 5 分; 14. 未设置娱乐室和吸烟室的扣 10 分; 15. 未设置淋浴间的扣 8 分; 16. 未明确各区域卫生责任人或现场焚烧、有毒、有害、恶臭物的扣 10 分; 17. 其他。			
		小 计	50		
2	场容场貌	1. 施工现场无围挡或围挡不合格扣 10 分; 2. 未设置企业标志的扣 5 分; 3. "五牌一图"不符合要求每牌扣 2 分; 4. 出入口未设冲洗台的扣 5 分;出入口和主要道路未硬化的扣 10 分; 5. 排水沟涵不畅通,工地积水扣 10 分; 6. 污水未经沉淀直接排入城市下水道的扣 10 分; 7. 现场易扬尘物料未有效遮蔽的每发现一处扣 5 分; 8. 建筑、生活垃圾未及时清理扣 5 分; 9. 未做到工完料净场地清的扣 10 分; 10. 易燃易爆品未分类存放的扣 10 分; 11. 办公、生活区无绿化布置的扣 5 分; 12. 其他。			
		小 计	50		
	考核时间		总 计	100	
	考核人				

注:★项目为保证项目,缺少保证项目的工地不得参加省级文明工地、平安工地的评选。

表 4-21 现场平安创建考核评分表(房屋建筑工程)

项目名称: 项目经理:

序号	分项内容	扣 分 标 准	标准分	扣减分数	实得分数
1	治安管理	1. ★工地出现严重治安案件或不稳定因素未及时报告派出所; 2. ★拖欠民工工资造成严重后果和影响; 3. 建设单位未与派出所签订(建设工地治安管理责任书)扣10分; 4. 工地无治安保卫制度扣10分; 5. 施工单位未与建管部门签订(平安创建责任书)扣5分; 6. 施工队伍进场后未及时建立(工地综合治理台账)扣5分; 7. (工地综合治理台账)内容不全,每缺一项扣5分; 8. 总包单位未分包单位签订(施工人员治安管理责任书)扣5分; 9. 工地未建立突发事件应急预案扣5分; 10. 工地项目部未开展法制教育扣5分; 11. 工地无门卫或门卫制度不落实扣5分; 12. 来人来访无记录、人员随便进出扣2分; 13. 从业人员未佩戴工作卡扣2分; 14. 用工未登记造册扣5分; 15. 未依法与工人签订劳动合同扣5分; 16. 其他。			
	小 计		50		
2	工会工作及消防	1. ★达一定规模的建筑工地未设立业余民工学校; 2. 未建立工会组织的扣10分; 3. 未建立工会劳动保护台账的扣10分; 4. 未按规定配备、培训工会劳监员的扣10分; 5. 未制定切实有效的爱民便民措施的扣10分; 6. 未经许可夜间施工或有扰民现象的扣10分; 7. 未在工地周围张贴便民标语或告示牌的扣8分; 8. 作业区有闲杂人员和家属小孩的扣8分; 9. 无消防器材或配置不符合要求的扣10分; 10. 无急救器材、担架和未按规定配备医务室和常备药品的扣10分; 11. 其他。			
	小 计		50		
考核时间		总 计	100		
考核人					

注:★项目为保证项目,缺少保证项目的工地不得参加省级文明工地、平安工地的评选。

表 4-21 中"急救器材"一般包括三角巾(又叫三角绷带,用于手臂及其他部位骨折后的包扎固定)、止血带、体温计、压舌板、纸胶带(用于伤口或者术后包扎)、镊子、安全别针(起到固定包扎的作用)、圆头剪刀(圆头安全,可用来剪开胶布或绷带)、消毒药品(75%乙醇、氨水、过氧化氢、优碘药水、优碘药膏)、灭菌敷料(棉花、棉签、纱布、棉垫、裹伤包、OK绷带、卷

轴绷带)、食盐(用食盐和温开水调成饱和盐汤催吐)、手电筒(在漆黑环境下施救时照明,也可为晕倒的人做瞳孔反应)等。

4.8　绿色施工要点

本节根据 2007 年建设部发布的《绿色施工导则》、2010 年住建部发布的《建筑工程绿色施工评价标准》、2014 年住建部发布的《建筑工程绿色施工规范》编写。

《绿色施工导则》包括总则,绿色施工原则,绿色施工总体框架,绿色施工要点,发展绿色施工的新技术、新设备、新材料、新工艺,绿色施工应用示范工程。

总则包括:我国尚处于经济快速发展阶段,作为大量消耗资源、影响环境的建筑业,应全面实施绿色施工,承担起可持续发展的社会责任;本导则用于指导建筑工程的绿色施工,并可供其他建设工程的绿色施工参考;绿色施工是指工程建设中,在保证质量、安全等基本要求的前提下,通过科学管理和技术进步,最大限度地节约资源与减少对环境负面影响的施工活动,实现四节一环保(节能、节地、节水、节材和环境保护);绿色施工应符合国家的法律、法规及相关的标准规范,实现经济效益、社会效益和环境效益的统一;实施绿色施工,应依据因地制宜的原则,贯彻执行国家、行业和地方相关的技术经济政策;运用 ISO14000 和 ISO18000 管理体系,将绿色施工有关内容分解到管理体系目标中去,使绿色施工规范化、标准化;鼓励各地区开展绿色施工的政策与技术研究,发展绿色施工的新技术、新设备、新材料与新工艺,推行应用示范工程。

绿色施工原则包括:绿色施工是建筑全寿命周期中的一个重要阶段,实施绿色施工,应进行总体方案优化,在规划、设计阶段,应充分考虑绿色施工的总体要求,为绿色施工提供基础条件;实施绿色施工,应对施工策划、材料采购、现场施工、工程验收等各阶段进行控制,加强对整个施工过程的管理和监督。

绿色施工的应用示范工程:我国绿色施工尚处于起步阶段,应通过试点和示范工程,总结经验,引导绿色施工的健康发展,各地应根据具体情况,制订有针对性的考核指标和统计制度,制订引导施工企业实施绿色施工的激励政策,促进绿色施工的发展。

《建筑工程绿色施工规范》包括:①总则;②术语;③基本规定(组织与管理、资源节约、环境保护);④施工准备;⑤施工场地(一般规定、施工总平面布置、场区围护及道路、临时设施);⑥地基与基础工程(一般规定、土石方工程、桩基工程、地基处理工程、地下水控制);⑦主体结构工程(一般规定、混凝土结构工程、砌体结构工程、钢结构工程、其他);⑧装饰装修工程(一般规定、地面工程、门窗及幕墙工程、吊顶工程、隔墙及内墙面工程);⑨保温和防水工程(一般规定、保温工程、防水工程);⑩机电安装工程(一般规定、管道工程、通风工程、电气工程);⑪拆除工程(一般规定、拆除施工准备、拆除施工、拆除物的综合利用),是对《绿色施工导则》的细化(编者注)。

1. 绿色施工的定义

绿色施工是指工程建设中,在保证质量、安全等基本要求的前提下,通过科学管理和技术进步,最大限度地节约资源与减少对环境负面影响的施工活动,实现"四节一环保"(节能、节地、节水、节材和环境保护)。

2．绿色施工总体框架

绿色施工包括施工管理、环境保护、节材、节水、节能、节地六方面。

3．绿色施工管理

绿色施工管理包括组织管理、规划管理、实施管理、评价管理和人员安全与健康管理五方面。

4．环境保护技术要点

1）扬尘控制

（1）封闭（图 4-19）、洗车（图 4-12），不污损场外道路。

图 4-19　封闭运输车

（2）洒水（图 4-20）、覆盖（图 4-21），达到作业区目测扬尘高度小于 1.5m。

图 4-20　洒水车

（3）浇筑混凝土前清理灰尘和垃圾时尽量使用吸尘器，高层或多层建筑清理垃圾应搭设封闭性临时专用道或采用容器吊运。

图 4-21 覆盖网

（4）地面硬化、围挡（图 4-22）。

图 4-22 在建建筑围挡

（5）构筑物爆破时楼面蓄水、建筑外设高压喷雾状水系统、搭设防尘排栅和直升机投水弹（图 4-23、直升机悬停取水见图 4-24），选择风力小的天气进行爆破作业。

2）噪声与振动控制

（1）监测。

（2）使用低噪声、低振动的机具，采取隔声与隔振措施。

图 4-23　直升机投水弹

图 4-24　直升机悬停取水

3）光污染控制

（1）夜间室外照明灯加设灯罩，透光方向集中在施工范围。

（2）电焊作业采取遮挡措施。

4）水污染控制

（1）施工现场设沉淀池、隔油池、化粪池等。

（2）委托有资质的单位进行废水水质检测。

（3）采用隔水性能好的边坡支护技术。当基坑开挖抽水量大于 50 万 m³ 时，应进行地下水回灌，并避免污染地下水。

（4）对于化学品等有毒材料、油料的储存地，应有严格的隔水层设计，做好渗漏液收集和处理。

5）土壤保护

（1）因施工造成的裸土，及时覆盖砂石或种植速生草种；采取设置地表排水系统、稳定斜坡、植被覆盖等措施，减少土壤流失。

（2）及时清掏各类池内沉淀物，并委托有资质的单位清运。

（3）对于有毒有害废弃物如电池、墨盒、油漆、涂料等应回收后交有资质的单位处理。

（4）施工后应恢复施工活动破坏的植被（一般指临时占地内）。

6）建筑垃圾控制

（1）加强建筑垃圾的回收再利用。

（2）施工现场生活区设置封闭式垃圾容器，施工场地生活垃圾实行袋装化，及时清运；对建筑垃圾进行分类，并收集到现场封闭式垃圾站，集中运出。

7）地下设施、文物和资源保护

（1）施工前应调查清楚地下各种设施。

（2）施工过程中一旦发现文物，立即停止施工，保护现场并通报文物部门并协助做好工作。

（3）避让、保护施工场区及周边的古树名木。

（4）逐步开展统计分析施工项目的 CO_2 排放量以及各种不同植被和树种的 CO_2 固定量的工作。

CO_2 属于温室气体的一种（其他温室气体还有水汽、臭氧、甲烷等，主要来源于重工业和汽车尾气），使地球温度上升。CO_2 排放量有指标可查，如用 $1kW \cdot h$ 电排放约 $0.904kg$ CO_2（电按烧煤发电），$3kW$ 钢筋切断机台班排放 $20kg$，轿车的 CO_2 排放量（kg）＝油耗数（L）×2.7。

植物经光合作用变成糖吸收 CO_2，植物呼吸释放 CO_2，两部分相减就是固定量。CO_2 固定量不好测量和计算，可以通过合成干物质量推算，如植物生产 $1g$ 干物质固定 $1.63g$ CO_2。

5. 节材技术要点

（1）减少库存。

（2）保管。

（3）运输防止损坏和遗洒。避免和减少二次搬运。

（4）提高模板、脚手架等的周转次数。

（5）就地取材。

（6）使用预拌混凝土和商品砂浆（图 4-25）。使用散装水泥（图 4-26、图 4-27）。

图 4-25　预拌砂浆运输车

图 4-26　散装水泥筒仓

图 4-27　散装水泥运输车

（7）使用高强钢筋和高性能混凝土（强度高、自密实、体积稳定、耐久）。

（8）钢筋专业化加工和配送。

（9）大型钢结构宜采用工厂制作，现场拼装。

（10）门窗、屋面、外墙等围护结构选用耐候性及耐久性良好的材料。

（11）门窗采用密封性、保温隔热性能、隔声性能良好的型材以及玻璃等材料。

（12）贴面排版减少非整块板材的数量。

（13）采用非木质的新材料或人造板材代替木质。如图 4-28 所示。

（14）装饰采用自粘类片材，减少现场液态黏合剂的使用量，如自粘地板块。

（15）优先选用制作、安装、拆除一体化的专业队伍进行模板工程施工。

（16）模板应以节约自然资源为原则，模板支撑宜采用工具式支撑。

（17）外脚手架方案，采用整体提升（图 4-29）、分段悬挑（图 4-30）等方案。

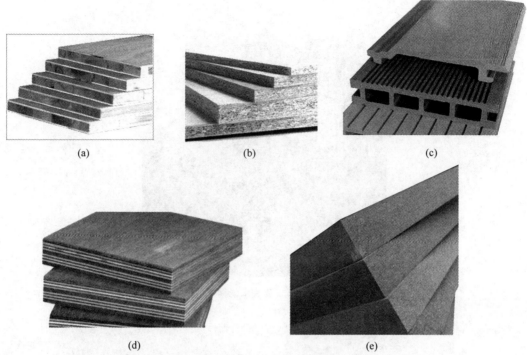

图 4-28 非木质的新材料或人造板材

(a) 木工板；(b) 刨花板；(c) 木塑板；(d) 胶合板；(e) 密度板

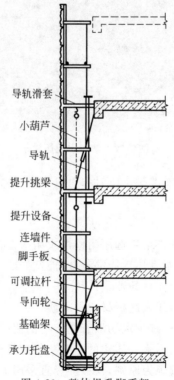

图 4-29 整体提升脚手架

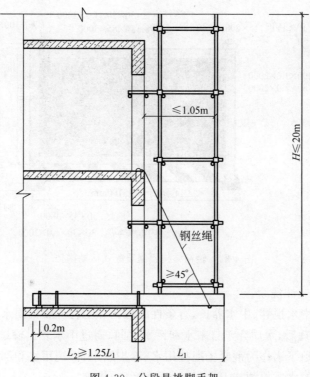

图 4-30 分段悬挑脚手架

（18）推广采用外墙保温板替代混凝土施工模板的技术（图 4-31）。

（a）　　　　　　　　　　　　　　　　　（b）

图 4-31 外墙保温板替代混凝土施工模板

（a）发泡镁水泥板与岩棉复合板；（b）聚苯板两侧增加 5～20mm 砂浆面层

（19）采用轻钢结构预制装配式活动围挡封闭。如图 4-32 所示。

6. 节水技术要点

（1）喷洒路面、绿化浇灌不宜使用市政自来水。严禁无措施浇水养护混凝土。

（2）现场机具、设备、车辆冲洗用水必须设立循环用水装置。施工现场办公区、生活区的生活用水采用节水系统和节水器具，安装计量装置，如循环用水，感应水龙头、自动洗手

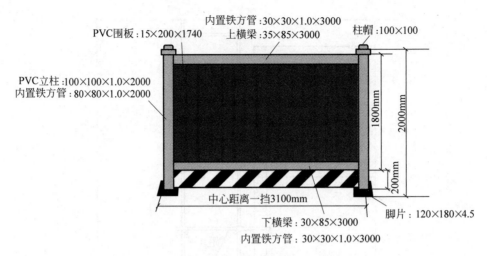

图 4-32　轻钢结构预制装配式活动围挡

器、感应淋浴器、感应冲洗阀。

（3）优先采用中水搅拌、中水养护，有条件的地区和工程应收集雨水养护。

中水经污水处理后，水质介于自来水和污水之间，通过中水管道输送。

（4）优先采用地下水作为混凝土搅拌用水、养护用水、冲洗用水和部分生活用水。

（5）制定有效的水质检测与卫生保障（不要污染）措施。

7．节能技术要点

（1）优先使用国家、行业推荐的节能、高效、环保机具，如变频施工设备（长时低速运转，避免启动耗电、噪声）、逆变式电焊机（减少铁芯和线圈匝数、电弧稳定）。

（2）提高计量、核算、对比分析的频率。

（3）避免设备额定功率远大于使用功率或超负荷使用设备的现象。

（4）充分利用太阳能、地热等可再生能源。采用地热发电、烘干、采暖、洗浴等方式。

（5）及时做好维修保养工作，使机械设备保持低耗、高效的状态。

（6）机械设备宜使用节能型油料添加剂（调节燃油化学反应）。

（7）提高各种机械的使用率和满载率。

（8）南方地区临时设施根据需要在其外墙窗设遮阳设施。

（9）临时设施采用节能材料。

（10）选用节能电线，采用声控、光控、节能照明灯具（图 4-33）。

（11）照明设计以满足最低照度为原则。

8．节地技术要点

（1）临时设施的占地面积应按用地指标所需的最低面积设计（如砂浆搅拌机棚 $10\sim18m^2/$台）。

（2）临时设施占地面积有效利用率大于 90％。

（3）减少土方开挖和回填量。

图 4-33 节能照明灯具
(a) 节能灯;(b) LED 灯

(4) 红线外临时占地应及时对占地恢复原地形、地貌。

(5) 对于施工周期较长的现场,可按建筑永久绿化的要求,安排场地新建绿化。

(6) 临时办公和生活用房应采用多层轻钢活动板房(图 4-34)、钢骨架水泥活动板房(图 4-35)等标准化装配式结构。生活区与生产区应分开布置,并设置标准的分隔设施。

图 4-34 多层轻钢活动板房

(7) 施工现场内形成环形通路。

9. 绿色施工评价框架体系

评价阶段:地基与基础工程、结构工程、装饰装修与机电安装工程。

评价要素:"四节一环保"五个要素。

评价指标:控制项、一般项、优选项。

图 4-35　钢骨架水泥活动板房
（钢边框发泡混凝土）

评价等级：不合格、合格、优良（按控制项、单位工程总得分、阶段得分、优选项得分定等级）。

1）有下列情况之一者为不合格

（1）控制项不满足要求；

（2）单位工程总得分 W ＜60 分；

（3）结构工程阶段得分＜60 分。

2）满足以下条件者为合格

（1）控制项全部满足要求；

（2）单位工程总得分 60 分≤W＜80 分，结构工程得分≥60 分；

（3）至少每个评价要素各有一项优选项得分，优选项总分≥5。

3）满足以下条件者为优良

（1）控制项全部满足要求；

（2）单位工程总得分 W≥80 分，结构工程得分≥80 分；

（3）至少每个评价要素中有两项优选项得分，优选项总分≥10。

10. 绿色施工方案的编制内容

绿色施工方案的编制内容即"四节一环保"措施，可参照本书 4.8 节相关内容。

习题

1. 《建筑施工组织设计规范》(GB/T 50502—2009)规定了工程概况应有哪些内容？

2. 施工方案包括哪些内容？

3. 房屋建筑施工顺序受哪些因素影响？

4. 房屋建筑浅基础施工一般顺序是什么？

5. 房屋建筑桩基础施工一般顺序是什么？

6. 砖混结构房屋建筑主体工程施工一般顺序是什么？

7. 钢混结构房屋建筑主体工程施工一般顺序是什么？

8. 房屋建筑装饰工程施工一般顺序要点是什么？

9. 单层工业厂房及其基础与设备基础的施工顺序是什么？开敞式施工、封闭式施工的概念是什么？比较这两种施工顺序的优劣。

10. 施工方案的技术经济比较方法有哪些？

11. 施工进度计划的编制步骤有哪些？

12. 施工定额的查用方法有哪些？

13. 施工平面图的设计内容、设计原则、设计步骤及各步骤要求分别是什么？

14. 施工平面图如何表达临时设施的大小和位置？

15. 施工组织设计常用技术经济指标的定义是什么？

16. 施工准备的分类方法有哪些？

17. 施工准备的内容是什么？

18. 施工条件调查分析的内容及意义是什么？

19. 审查施工图关注哪些主要方面？

20. 物资准备如何进行？

21. 劳动组织准备如何进行？

22. 施工现场准备如何进行？

23. 施工平面图设计中临时设施面积如何确定？

24. 计算 1 个瓦工 10(12)h 2500 砖(2 砖及 2 砖以外混水外墙)的时间定额(工日/m³)、产量定额。设 1m³ 砖墙有 510 块砖。

25. 确定钢筋绑扎定额(方法不限,注明参考文献及其页码)。

26. 施工现场污水如何排放？

27. 江苏省文明工地评定程序是什么？

28. 江苏省房屋建筑工程文明工地评定项目有哪些？

29. 绿色施工的定义是什么？

30. 绿色施工的总体框架包括哪些方面？

31. 绿色施工管理包括哪些方面？

32. 绿色施工技术要点有哪些？

33. 绿色施工评价框架体系有哪些？

34. 施工准备工作计划包括哪些主要内容？

35. 资源需求计划包括哪些主要内容？

参考文献

[1]　中国建筑技术集团有限公司.建筑施工组织设计规范：GB/T 50502—2009[S].北京：中国建筑工业出版社,2009.

[2]　中国建筑业协会.建设工程项目管理规范：GB/T 50326—2017[S].北京：中国建筑工业出版社,2017.

[3]　江苏省建管局.关于加强省级文明工地管理工作的通知[R].2008.

[4]　江苏省建管局.江苏省建筑工程省级文明工地现场考核评分表[R].2009.

[5]　建设部.绿色施工导则[R].2007.

[6]　住建部.建筑工程绿色施工评价标准：GB/T 50640—2010[S].北京：中国计划出版社,2011.

[7]　住建部.建筑工程绿色施工规范：GB/T 50905—2014[S].北京：中国建筑工业出版社,2014.

[8]　住建部、财政部.建筑安装工程费用项目组成(建标[2013]44 号).2013.

[9]　陈磊,赵晓光.一级注册建筑师考试场地设计(作图)应试指南[M].北京：中国建筑工业出版社,2011.

第5章

施工组织总设计

施工组织总设计用于建筑群(或称群体工程)。

施工组织总设计一般根据初步设计或扩大初步设计(或称技术设计)进行设计,也有在施工图后设计。

5.1 施工组织总设计概述

1. 施工方案(施工组织总设计又常称为施工部署)

施工组织总设计的施工方案主要包括以下两方面。

1) 确定建筑群的施工顺序

(1) 分期分批,如冶金企业房屋建设包括采矿、选矿、矿石运输、炼钢、轧钢等,建设工期10年,可分炼钢1号炉及其前期工序工程、炼钢2号炉及其前期工序工程及轧钢工程,最终年产钢 xt。又如某工程学院新校区建设分期:一期,教学楼、宿舍楼、食堂、运动场等;二期,宿舍楼、食堂、办公楼、实验楼、图书馆。确定建筑群施工顺序的原则:公用设施工程先做(包括给排水、电、路等);尽快形成功能子系统。

(2) 综合流水安排,施工连续均衡、成本低。

2) 确定主要建筑物施工方案

例如现浇还是预制,现场预制还是工厂预制,机械种类,新技术新工艺等特殊、复杂技术,执行技术政策要求(如商品混凝土、砌体、模板、脚手架等)。

2. 施工进度计划

施工组织总设计的施工进度计划有别于单位工程施工组织设计的是:根据图纸、定额资料确定单位工程(现场临设也列出)的工程量、工期;定额资料有:投资估算指标、概算指标、工期定额、类似工程的相关资料。

投资估算指标一般可分为建设项目综合指标、单项工程指标和单位工程指标三个层次。建设项目综合指标一般以项目的综合生产能力单位投资表示,如元/t、元/kW、元/床(即医院床位)等;单项工程指标一般以单项工程生产能力单位投资表示,如元/(kV·A)(对变配电站)、元/蒸汽吨(对锅炉房)、元/m³(对供水站)、元/m²(对办公室);单位工程指标主要以单位建筑或安装工程为估算对象,对各类建筑物以建筑面积、建筑体积或万元造价为计量单位,对构筑物以座为计量单位,对安装工程以台、套等为计量单位所整理的造价和人工、主要材料用量等指标。对施工进度计划主要用投资估算指标的单位工程人力消耗指标。

概算指标也是以整个建筑物(面积或体积)为计量单位的资源消耗水平。概算定额以扩大分项工程或构件为计量对象的资源消耗水平,例如,梯梁的绑钢筋、支模板、浇注混凝土等是分项工程,而梯梁既不属于分部工程也不属于分项工程,是扩大分项工程。

工期定额是指在一定的生产技术和自然条件下,完成某个单位(或群体)工程平均需用的标准天数,分为建设工期定额和施工工期定额两个层次。建设工期是指建设项目或独立的单项工程从开工建设到全部建成投产或交付使用时所经历的时间。因不可抗拒的自然灾害或重大设计变更造成的停工,经签证后,可顺延工期。施工工期是指正式开工至完成设计要求的全部施工内容并达到国家验收标准的天数,施工工期是建设工期的一部分。施工工期定额比较粗,如江苏 6 层 2000m² 以内混合结构住宅工期 185d。

3. 施工平面图内容及设计步骤

施工组织总设计的施工平面图设计步骤是:场外交通引入→加工厂搅拌站仓库→场内道路→非生产临设→水电。

其中,场外交通引入:指铁路、码头、公路;仓库:指转运仓库、中心仓库;场内道路:考虑运输负荷决定车道数、路面结构,主要道路宜双车道;非生产临设:比单位工程多招待所、医务所、托儿所、学校、图书馆、商店、浴室、俱乐部等;水电:比单位工程可能多净水设施、水池和水塔(水泵不能连续工作时设水塔)。

5.2　工地供水供电

本节适用于单体工程和群体工程。

5.2.1　工地供水

1. 工地供水用途及分项用水量

生产、生活、消防用水。

工程施工用水量 q_1 根据用水定额估计,如表 5-1 所示。

表 5-1　工程施工用水定额

序号	用 水 对 象	单位	用水量
1	搅拌混凝土	L/m³	250
2	养护混凝土(自然养护)	L/m³	200~400
3	冲洗模板	L/m²	5
4	搅拌机清洗	L/台班	600
5	砌砖工程	L/m³	150~250
6	抹灰工程	L/m²	30
7	搅拌砂浆	L/m³	300

施工机械用水量 q_2 根据用水定额估计,如表 5-2 所示。

表 5-2 施工机械用水定额

序号	用水机械	单 位	用水量
1	内燃夯土机	L/(m³·台班)(m³ 为斗容量)	200~300
2	内燃压路机	L/(t·台班)(t 为压路机吨数)	200~400
3	汽车	L/(台·昼夜)	400~700
4	对焊机	L/(台·h)	300

施工现场生活用水量 q_3 根据用水定额估计,一般取 20~60L/(人·班)。

生活区生活用水量 q_4 根据用水定额估计,一般取 100~120L/(人·昼夜)。

消防用水量 q_5 根据用水定额估计,如表 5-3 所示。

表 5-3 消防用水量定额

用 水 名 称	火灾同时发生次数	单位	用水量
施工现场在 250 000m² 以内	一次	L/s	10~15
每增加 250 000m² 递增			5

2. 总用水量 Q

(1) 当 $q_1+q_2+q_3+q_4>q_5$ 时,

$$Q=q_1+q_2+q_3+q_4 \tag{5-1}$$

(2) 当 $q_1+q_2+q_3+q_4<q_5$,并且工地面积小于 50 000m² 时,

$$Q=q_5 \tag{5-2}$$

(3) 当 $q_1+q_2+q_3+q_4<q_5$ 时,

$$Q=q_5+\frac{1}{2}(q_1+q_2+q_3+q_4) \tag{5-3}$$

最后计算的总用水量,还应增加 10%,以补偿不可避免的水管渗漏损失。

3. 确定供水管径

$$D=\sqrt{\frac{4Q\times1000}{\pi \cdot v}} \tag{5-4}$$

式中,D 为供水管内径(mm);Q 为用水量(L/s);v 为管网中水的流速(m/s),查经济流速表 5-4。

表 5-4 管网给水经济流速表

序号	管径(D)/mm	正常时间流速/(m/s)	消防时间流速/(m/s)
1	<100	0.5~1.2	—
2	100~300	1~1.6	2.5~3
3	>300	1.5~2.5	2.5~3

经济流速是管网设计使用年限内建造造价和运行费用(两者之和为总费用)最小的流速,是高等数学的最值问题。建造造价与材料费、安装费有关,运行费用与水泵电费、维护

费、大修费有关,总费用是管径的指数函数,可以用求最值的方法得到费用最小的管径(称为经济管径),再由公式(5-4)表达的管径与流速关系求得经济流速。

可以参照给水平面图(图5-1),临时给水管道可以表示在施工平面图上,表示的信息包括管道(用单线表示)平面位置(用与拟建建筑轴线的距离表示)、标高(同建筑标高,可以分段表示)、管径(公称管径 DN,可以分段表示)。宿舍楼一层给水平面图(图5-1)表示:编号2/J 的引入管与轴线的距离 1480mm,管道埋深(计至管道中心线)—1.200m,向南一定距离后分成两路,一路自西向东至立管 JL-4,另一路向南再折向西,与立管 JL-3 相连,进户管进户登高至—0.500m(此处没表示)。

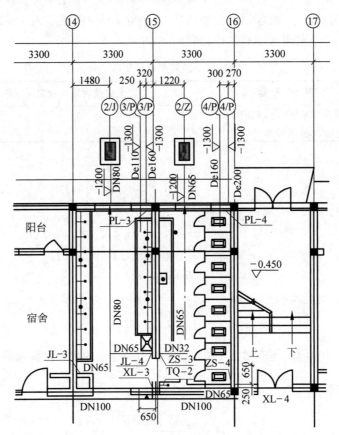

图 5-1　宿舍楼一层给水平面图 1∶100(局部)

临时给水管道,可以用钢管(规格如表5-5所示)、塑料管等。临时给水管道要求防压,在道路路面下覆土厚度至少 0.7m;在中国三北地区(东北、华北、西北)要求冬季防冻。

表 5-5　给水焊接钢管规格(GB/T 3091—2015)　　　　　　mm

公称直径(DN)	公称外径(系列 1)	最小公称壁厚
6	10.2	2.0
8	13.5	2.0
10	17.2	2.2
15	21.3	2.2

公称直径（DN）	公称外径（系列1）	最小公称壁厚
20	26.9	2.2
25	33.7	2.5
32	42.4	2.5
40	48.3	2.75
50	60.3	3.0
65	76.1	3.0
80	88.9	3.25
100	114.3	3.25
125	139.7	3.5
150	165.1	3.5
200	219.1	4.0

注：①表中公称直径是近似内径的名义尺寸，不表示外径减两个壁厚。②系列1为通用系列，系列2、3为非通用系列。③外径大于219.1的钢管公称外径和公称壁厚见GB/T 21835。

5.2.2 工地供电

建筑施工工地临时供电设计包括计算用电总容量（用以新选变压器型号或复核现有变压器容量是否满足，不满足需要向供电公司申请增容）、选择电源、确定导线截面面积、布置配电线路。

1. 用电总容量

$$P = (1.05 \sim 1.10) \times 1.10 \times \left(K_1 \frac{\sum P_1}{\cos\varphi} + K_2 \sum P_2 \right) \leqslant P_{额} \tag{5-5}$$

式中，P 为供电设备总需要容量（kV·A）；P_1 为电动机额定功率（kW）；P_2 为电焊机额定容量（kV·A）；$P_{额}$ 为变压器额定容量；$\cos\varphi$ 为电动机的平均功率因数（施工现场最高为 $0.75 \sim 0.78$，一般为 $0.65 \sim 0.75$）；K_1、K_2 为需要系数（$0.5 \sim 0.9$）；$1.05 \sim 1.1$ 为不可预见用量；1.10 为照明电量。

在《电工学》中，通常所说的交流电就是正弦交流电，而且通常设正弦交流电电流的初相位为 0，即 $i = I_m \sin\omega t$，其中 I_m 为电流最大值，ω 为角速度（正弦量每秒经历的弧度数）。于是，交流电电压的表达式为 $u = U_m \sin(\omega t + \varphi)$，其中，$U_m$ 为电压最大值，ω 同前，φ 为电流和电压的相位差（电阻电路中 $\varphi = 0$，电感电路中 $\varphi = 90°$，电容电路中 $\varphi = -90°$）。正弦交流电电路瞬时功率 $p = ui = U_m \sin(\omega t + \varphi) I_m \sin\omega t$，其中，$U$、$I$ 分别为 u、i 的有效值（直流电电流强度 I、交流电流强度 i 在一个周期内对电阻生热相等，则 I 为 i 的有效值；相似地，U 为 u 的有效值）。

正弦交流电电路平均功率 $P = \dfrac{1}{T} \displaystyle\int_0^T p \, \mathrm{d}t = UI \cos\varphi$，为电阻上消耗的功率，称为有功功率。而电感（即线圈）、电容不消耗功率，同样可以分别求平均功率 $P = 0$，$Q = UI \sin\varphi$（电阻、

电感、电容串联和并联都如此)是电感、电容元件与电源之间进行能量交换的功率,所以称为无功功率。定义视在功率 $S=UI=\sqrt{P^2+Q^2}$。

电焊机额定容量 P_2 即输入功率,=视在功率=有功功率/$\cos\varphi_2$,电焊机有功功率=$I_2^2 R_{\mathrm{W}}$,其中,I_2、R_{W} 为焊接电流、焊接回路电阻,$I_2=I_{\mathrm{W}}+I_3=U_2/R_{\mathrm{W}}$,其中,$I_{\mathrm{W}}$ 为焊接电流,I_3 为焊接回路电流损失,$\cos\varphi_2$ 为电焊机功率因数(查性能表);焊机即焊接用变压器,所以初级绕组与次级绕组 U、I 关系一定,次级绕组在焊接回路;焊接效率反映焊接功率与其之外的铜损铁损比例关系。电焊机一般按焊接电流选型号,焊接电流与电焊机容量有对应关系。电焊机的输入电流不是恒定的,随着二次焊接电流的大小而变化。三相电焊机名牌上标示的是能输出的最大功率,是视在功率($\mathrm{V\cdot A}$),想要知道实际功率还须知道电路的功率因素,实际功率=视在功率×功率因素。

2. 电源

一般电源有:工地附近的供电公司电网(一般高压通过变压器变为220V 和380V,也可以是永久性供电外线工程)、临时电站、柴油发电机(如 $200\sim300\mathrm{kV\cdot A}$)。

3. 配电导线截面面积

配电导线必须同时满足足够的机械强度、耐受电流通过所产生的温升、电压损失在允许的范围内。

1) 按机械强度确定

在各种不同敷设方式下,导线按机械强度要求所必需的最小截面积可查表5-6。

表 5-6　导线按机械强度所允许的最小截面积　　　　　　　　mm^2

导线用途		铜线	铝线
照明	户内	0.5	2.5
	户外	1.0	2.5
绝缘导线,固定架设在户内绝缘支持件上,其间距为	2m 及以下	1.0	2.5
	6m 及以下	2.5	4.0
	25m 及以下	4.0	10.0
绝缘导线(户内)	穿在管内	1.0	2.5
	设在木槽板内	1.0	2.5
绝缘导线(户外)	沿墙敷设	2.5	4.0
	户外其他方式敷设	4.0	10.0

常用的导线一般可分为硬导线和软导线两大类,导线又可分为裸线和包有绝缘层的绝缘线。绝缘电线按固定在一起的相互绝缘的导线根数,可分为单芯线和多芯线,多芯线也可把多根单芯线固定在一个绝缘护套内。把 $6\mathrm{mm}^2$ 及以下单股线称为硬线,多股线称为软线,硬线用"B"表示,软线用"R"表示。电线型号的含义:T——铜芯(默认表示),L——铝芯,V——聚氯乙烯绝缘,X——橡皮绝缘。

2）按允许电流强度 I 选择

导线电流强度过大会发热、烧断。制造厂家根据导线的容许温升,制定了各类导线在不同的敷设条件下的持续容许电流值,如表 5-7 所示。

表 5-7 橡皮或塑料绝缘导线明设在绝缘支柱上时的持续允许电流强度

（空气温度 25℃,单芯 500V）

导线标称截面积/mm²	持续允许电流强度			
	BX 型铜芯橡皮线	BLX 型铝芯橡皮线	BV、BVR 型铜芯塑料线	BLV、BVR 型铝芯塑料线
0.50	—	—	—	—
0.75	28	—	26	—
1.00	21	—	19	—
1.50	27	19	24	18
2.50	35	27	32	25
4.00	45	35	42	32
6.00	58	45	55	42
10.00	85	65	75	59
16.00	110	85	105	80
25.00	145	110	138	105
35.00	180	138	170	130
50.00	230	175	215	165
70.00	285	220	265	205
95.00	345	265	325	250
120.00	400	310	375	285
150.00	470	360	430	325
185.00	540	420	490	380
240.00	560	510		

（1）三相电路（3 根火线）线电流 I（即火线中电流,负载中电流称相电流）：

$$I = \frac{K \cdot \sum P}{\sqrt{3} \cdot U \cdot \cos\varphi} \tag{5-6}$$

式中,I 为线电流（A）；K 为需要系数,$\sum P$ 为线路段电动机和电焊机有功功率之和（W）；U 为线电压（动力电 380V）；$\cos\varphi$ 为功率因数,临时电网取 $0.7\sim0.75$。

（2）单相电路（1 根火线）线电流 I（等于相电流）：

$$I = \frac{P}{U\cos\varphi} \tag{5-7}$$

三相对称负载（星形或三角形,如图 5-2 所示）总的有功功率 $= \sqrt{3}UI\cos\varphi$。对于负载（含电焊机）的星形接法、三角形接法,线电流与相电流关系不同：对负载的星形接法,线电流 = 相电流,线电压（火线和火线间电压,在我国低压供电系统中为 380V,）$= \sqrt{3}$ 相电压（负载两端电压,对于对称负载,即三相负载的电阻和感抗或容抗相等,在我国低压供电系统中为 220V);对负载的三角形接法,线电流=$\sqrt{3}$相电流(对对称负载),线电压(在我国低压供电系统中为 380V)=相电压(在我国低压供电系统中为 380V)。

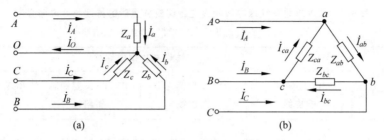

图 5-2　负载的星形或三角形接法

(a) 星形接法;(b) 三角形接法

3) 按允许电压降确定

电器供电电压低于额定电压就不能正常工作,而供电电压从电源或变压器到电器因导线分压而降低。导线分压与导线电阻、电流有关,而导线电阻与截面面积、长度有关。配电导线的截面面积可用下式确定:

$$S = \frac{\sum(P \cdot L)}{C \cdot \varepsilon} \tag{5-8}$$

式中,S 为导线截面积(mm^2);P 为负载电功率或线路输送的有功功率(kW);L 为送电线路的长度(m);C 为系数,视导线材料、送电压及配电方式而定,查表 5-8;ε 为允许电压降(即线路的电压损失百分比)(单位:%),照明为 2.5%～5%,电动机为±5%。

表 5-8　允许电压降计算 C 值

线路额定电压/V	线路系统	铜线	铝线
380/220	三相四线	77.0	46.30
380/220	二相三线	34.0	20.50
220	二相三线	12.8	7.75

电阻、电感、电容串联或并联的电路中电流强度可以计算(见《电工学》),电阻分到的电压=RI,其中,R 为电阻。而 $R = \rho l/S$,其中,ρ 为电阻率,l 为导线长度,S 为导线截面面积。

4. 线路要求

埋地电缆应深埋(≥0.7m)或穿防护套管保护。

架空线须用绝缘导线、专用电杆,与邻近线路或固定物最小距离符合规范,如距摆动最大时树梢 0.5m,水平距建筑物突出部分 1m,最大弧垂距地 4m(距暂设工程 2.5m)。

电动机需三相电源(对应 3 根火线。三相电路有 3 根火线、1 根零线时,称三相四线制),电灯需单相电源(1 根火线、1 根零线)。负载可设计成平均分配在三相电源上。电动机铭牌上的额定功率为电动机转轴输出的机械功率。额定功率的概念是：用电设备在正常运行时所消耗的有功功率，是所消耗的功率，不是输出功率，它包括两个部分，一个是输出的轴功率，另一个是电动机自己消耗的功率。对星形接法，三相四线制当三相对称负载时，中线电流＝0，可省去，形成三相三线制。

施工现场三相四线制必须采用 TN-S 保护系统(图 5-3,可称为三相五线制)；特殊情况下可用 TT 保护系统(图 5-4)。TN-S 方式供电系统是把工作零线 N 和专用保护线 PE 严格分开的供电系统。系统正常运行时，专用保护线上没有电流，只是工作零线上有不平衡电流。PE 线对地没有电压，所以电气设备金属外壳接零保护是接在专用的保护线 PE 上，安全可靠。TT 方式供电系统是指将电气设备的金属外壳直接接地的保护系统，接地装置耗用钢材多，而且难以回收、费工时、费料；容易出现独立地线故障或者接地电阻过高，从而出现设备外壳带危险电压。

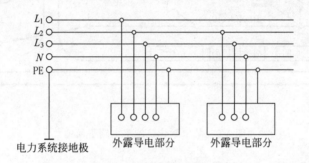

图 5-3　TN-S 保护系统

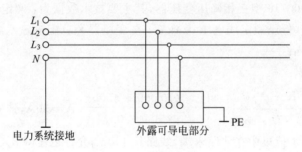

图 5-4　TT 保护系统

【例 5-1】　某中学建筑施工动力机械为：塔式起重机 1 台额定功率 40.5kW；卷扬机 1 台额定功率 14kW；混凝土搅拌机 1 台额定功率 10kW；滤灰机 1 台额定功率 4.5kW；打夯机 3 台，每台额定功率 1kW；振动器 5 台，每台额定功率 2.8kW；布置位置如图 5-5 所示。试设计供电方案。

解：现场所有动力设备总功率 $\sum P_1 = (40.5+14+10+4.5+3+2.8\times5)\text{kW}=86.0\text{kW}$

需要系数 $K=0.7,\cos\varphi=0.75$

用电总容量 $P=(1.05\sim1.1)\times1.1\times\left(K_1\dfrac{\sum P_1}{\cos\varphi}+K_2\sum P_2\right)=\Big[(1.05\sim1.1)\times$

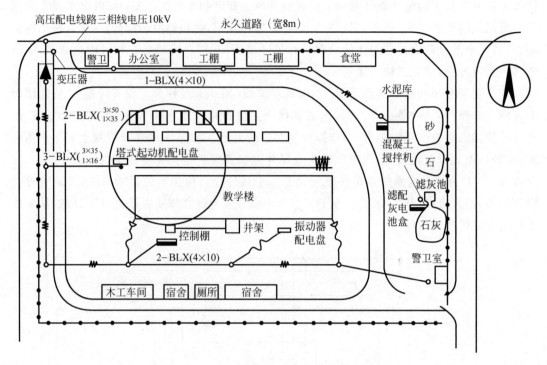

图 5-5　某中学建筑施工电路平面图

$1.1 \times 0.7 \times 86/0.75] \mathrm{kV \cdot A} = 92.7 \sim 97.1 \mathrm{kV \cdot A}$

考虑当地高压电为三相 10kV，现场动力电为三相电压 380V、照明用电为单相电压 220V，则选择 SL7-100/10 型三相降压变压器，其主要技术数据为：额定容量 100kV·A、高压额定线电压 10kV，低压额定线电压 0.4kV。在变压器旁总配电盘八配电线路分 2 路，选用 BLX 型橡皮绝缘铝导线。

北路导线截面积：

$$\text{工作电流 } I = \frac{K \cdot \sum P}{\sqrt{3} \cdot U \cdot \cos\varphi} = \left[\frac{1 \times (10\,000 + 4500)}{\sqrt{3} \times 380 \times 0.75}\right] \mathrm{A} = 30\mathrm{A}，\text{选 } 4\mathrm{mm}^2 \text{ 铝线；}$$

近似地，把全部负荷集中在北路末端，线路长 140m，允许电压降 8%，铝线 380/220V 三相四线供电时 $C = 46.3$，则

$$S = \frac{\sum(P \cdot L)}{C \cdot \varepsilon} = \left[\frac{(10 + 4.5) \times 140}{46.3 \times 8}\right] \mathrm{mm}^2 = 5.5\mathrm{mm}^2$$

按机械强度选择，橡皮绝缘铝导线架空敷设，截面面积不得小于 $10\mathrm{mm}^2$。所以，北路导线截面积选择 $10\mathrm{mm}^2$。

西段和南段导线截面积：西段从总配电盘到塔式起重机，考虑全部负荷，由电流强度控制；从塔吊到卷扬机、振捣器、打夯机等为南段，考虑卷扬机、振捣器、打夯机等负荷，由机械强度控制。

$$\sum P = (40.5 + 14 + 3 + 2.8 \times 5)\mathrm{kW} = 71.5\mathrm{kW}$$

需要系数 $K=0.9, \cos\varphi=0.75$

工作电流 $I=\dfrac{K \cdot \sum P}{\sqrt{3} \cdot U \cdot \cos\varphi}=\dfrac{0.9 \times 71\,500}{\sqrt{3} \times 380 \times 0.75}=130\text{A}$，选 35mm^2 铝线；

在施工平面图上，画出变压器、导线、电杆。导线标注方法 $a-b(c \times d)$ 表示：支路编号—导线型号(导线根数×每根导线截面面积)。

5.3 其他临时设施设计资料

1. 现场作业棚参考面积

现场作业棚参考面积如表 5-9 所示。

表 5-9 现场作业棚参考面积

序号	作业棚名称	单位	建筑面积数值	备 注
1	木工作业棚	$\text{m}^2/$人	2	占地为建筑面积的 2~3 倍
2	电锯房	$\text{m}^2/$台	80	86~92 圆锯
3	电锯房	$\text{m}^2/$台	40	小圆锯
4	钢筋作业棚	$\text{m}^2/$人	3	占地为建筑面积的 3~4 倍
5	搅拌棚	$\text{m}^2/$台	10~18	
6	卷扬机棚	$\text{m}^2/$台	6~12	
7	电工房	m^2	15	
8	机、钳工修理房	m^2	20	

2. 临时道路参考做法

临时道路参考做法如表 5-10 所示。

表 5-10 临时道路参考做法

路面种类	特点及使用条件	路基土壤	路面厚度/cm	材 料 配 比
级配砾石	雨天可用,但材料级配要求严格	砂土 粉土	10~15 14~18	黏土：砂：石=1：0.7：3.5
碎(砾)石	雨天可用,无砂	砂土 粉土	10~18 15~20	碎(砾)石：土>0.65：0.35
石灰土	雨天不可用	一般土	10~13	石灰：土=1：9

3. 非生产用房参考建筑面积

非生产用房参考建筑面积如表 5-11 所示。

表 5-11　非生产用房参考建筑面积　　　　　　　　　　m²/人

序号	房屋功能	指标用法	指标	备注
一	办公室	按干部人数	3.00～4.00	本表根据全国典型企业资料编制
二	宿舍	按高峰年平均人数		
1	单层通铺		2.50～3.00	
2	双层床		2.00～2.50	
3	单层床		3.50～4.00	
三	食堂	按高峰年平均人数	0.50～0.80	
四	食堂兼礼堂	按高峰年平均人数	0.60～0.90	
五	其他合计	按高峰年平均人数	0.50～0.60	
1	医务所		0.05～0.07	
2	浴室		0.07～0.10	
3	理发室		0.01～0.03	
4	俱乐部		0.10	
5	小卖部		0.03	
6	招待所		0.06	
7	托儿所		0.03～0.06	
8	子弟校		0.06～0.08	
9	其他公用		0.05～0.10	
六	小型	按高峰年平均人数		
1	开水房		10.00～40.00	
2	厕所		0.02～0.07	
3	工人休息室		0.15	

习题

1. 施工组织总设计与单位工程施工组织设计相比,施工方案、施工进度计划、施工平面图设计有何不同?

2. 工地供水如何确定用水量?

3. $Q=25\text{L/s}$,$v=1.5\text{m/s}$,求 D。

4. 工地供水管路在施工平面图如何表达?

5. 塔吊 25kW,卷扬机 10kW,电焊机 25kV·A,电动机平均功率因数 $\cos\varphi=0.7$,需要系数 $K_1=K_2=0.75$,不计照明用电,求用电总容量。近似地把全部负荷集中在线路末端,线路长 200m,允许电压降 5%,380/220V 三相四线供电,橡皮绝缘铜芯导线架空敷设,确定工作电流强度,确定导线型号和导线截面积。

6. 工地供电如何由导线机械强度决定导线截面积? 如何由导线电流强度决定导线截面积? 如何由电器允许电压降决定导线截面积?

7. 工地供电线路在施工平面图如何表达?

参考文献

[1] 建筑施工手册(第五版)编委会.建筑施工手册(第一分册)[M].5 版.北京:中国建筑工业出版社,2011.

[2] 靳慧征,李斌.建筑设备基础知识与识图(含图纸)[M].2 版.北京:北京大学出版社,2014.

[3] 秦曾煌.电工学(上册,电工技术)[M].7 版.北京:高等教育出版社,2009.

[4] 中国电力企业联合会等.建设工程施工现场供用电安全规范:GB 50194—2014[S].北京:中国计划出版社,2014.

[5] 沈阳建筑大学.施工现场临时用电安全技术规范:JGJ 46—2005[S].北京:中国建筑工业出版社,2010.

[6] 刘淑丽,韩庆祥,张得同.城乡供水一体化管网经济流速的研究[J].工程建设与设计,2020(4):60-61.

附录1

施工定额摘录

本附录根据河北省建筑工程定额管理站 1984 年编制的《河北省建筑安装工程施工定额》(土建工程)(一、二),以及中华人民共和国人力资源和社会保障部、中华人民共和国住房和城乡建设部发布的《建设工程劳动定额 建筑工程》(LD/T 72.1~11—2008)、《建设工程劳动定额 装饰工程》(LD/T 73.1~4—2008)编制,确定工序的人、材、机消耗量(其中,劳动定额只确定人工消耗),主要用于施工进度计划编制和资源需求计划编制。《建设工程劳动定额》除建筑工程外,还包括市政工程、安装工程、园林绿化工程。

一、架子工程

1. 工作内容

除总说明和各节规定外,绑扎、铺翻板子均包括 50m 以内的材料地面水平运输。拆除包括将所拆除的材料分类整理,堆放在地面 30m 以内的指定地点,并包括材料底层或楼层水平运输及全部垂直运输。满堂架子垂直运输只包括一层(即由下层运至上一层)。

2. 小组成员和技术等级(附表 1-1)

附表 1-1　架子工程小组成员和技术等级

小组成员	平均等级
六~1、五~1、四~2、三~4、二~2	3.5

3. 外架子

工作量计算:按实搭步数延长米计算。单、双排金属架子施工定额如附表 1-2 所示。

附表 1-2　单、双排金属外架子施工定额(每 10m²)

项目		地面至一步		地面至五步		地面至二十步	序号
		单排	双排	单排	双排	双排	
人工	综合	0.616/1.62	0.875/1.14	2.0/0.5	2.85/0.351	17.0/0.059	一
	绑扎	0.311/3.22	0.511/1.96	0.941/1.06	1.55/0.645	9.93/0.101	二
	铺翻板子	0.2/5	0.2/5	0.61/1.64	0.61/1.64	3.63/0.282	三
	拆除	0.105/9.52	0.164/6.1	0.444/2.25	0.693/1.44	3.53/0.233	六

项　目			地面至一步		地面至五步		地面至二十步	序号
			单排	双排	单排	双排	双排	
材料	钢管6m	kg	2.2	4.4	5.5	5.5	115	
		根	10	20	25.1	25.1	128	
	钢管2m	kg	0.7	0.7	0.8	0.8	9.9	
		根	10	10	11	11	29	
编　号			1	2	9	10	37	

4. 金属满堂架子(附表 1-3)

工作量计算：按室内地面面积计算。安全网用工另计。

附表 1-3　金属满堂架子施工定额(每 10m²)

项　目			地面至架板面高度			序号
			3m 以内	6m 以内	15m 以内	
人工	综合		0.577/1.73	0.877/1.14	2.77/0.361	一
	搭设		0.461/2.17	0.704/1.42	2.21/0.453	二
	拆除		0.116/8.62	0.73/5.78	0.4559/1.79	三
材料	钢管4~6m	kg	0.59	1.02	5.09	
		根	7	10	28	
编　号			91	92	95	

二、砖石工程

见本书 4.3 节。

三、抹灰工程

1. 工作内容

清扫、冲洗基层、洒水、堵脚手眼、递灰、接灰、抹灰、找平、抹面、压光、清除门窗口上残灰和落地灰等全部操作过程。外墙抹灰包括翻板子,内墙及天棚抹灰包括搭拆高在 3.6m 以内的简单架子及翻板子。

2. 工程量计算

内外墙抹灰及贴饰面砖均按实抹、实贴面积计算,但内墙抹灰的踢脚线和 0.3m² 以内的洞口面积不扣,侧边不展开。楼梯、阳台、雨篷工程量按分层水平投影面积计算,楼梯包括踏步、踢脚板、小平台、踢脚线、楼梯梁以及 50cm 以内楼梯井的面积。本定额按技工自行取灰拟定,如需配备挖勺工供灰时,抹灰的时间定额乘以 1.05,挖勺工包括在抹灰工内。建筑物高度在 7~12 层或 20~40m 时,时间定额乘 1.08,超过 12 层或 40m 另行处理。

3. 小组成员及技术等级（附表 1-4）

附表 1-4　抹灰工程小组成员及技术等级

项　目	小组成员	平均等级
水泥砂浆	技工：六～1、五～2、四～4、三～4、二～2	3.7
	普工：三～3、二～3	2.5
贴饰面砖	技工：七～1六～1、五～2、四～2、三～3、二～1	4.2
	普工：三～2、二～2	2.5

4. 水泥砂浆及水泥石灰砂浆抹灰（附表 1-5）

附表 1-5　水泥砂浆及水泥石灰砂浆抹灰施工定额（每 10m^2）

工作内容：墙面及天棚二遍成活（底层、面层）

项　目			内　墙		外墙（压光不压线）	序号
			砖墙	混凝土墙	砖墙	
人工	综合		1.11/0.9		1.15/0.866	一
	抹灰		0.775/1.29		0.82/1.22	二
	运砂浆		0.241/4.15		0.24/4.17	三
	调制砂浆		0.093/10.8		0.091/11	四
材料	水泥砂浆 1:2.5	m^3	0.071	0.071	0.071	
	32.5 级水泥	t	0.079	0.089	0.079	
	中砂	t	0.277	0.262	0.277	
编　号			70	72	82	

5. 贴瓷砖（附表 1-6）

附表 1-6　贴瓷砖施工定额（每 10m^2）

项　目			贴　瓷　砖		序号
			水泥砂浆、平面	水泥砂浆、立面	
人工	综合		2.78/0.36	4.43/0.226	一
	贴砖		2.22/0.45	3.58/0.279	二
	运砂浆		0.278/3.6	0.427/2.34	三
	运砖		0.111/9.0	0.171/5.84	四
	调制砂浆		0.167/6.0	0.256/3.90	五
材料	水泥砂浆 1:3	m^3	0.121	0.0121	
	水泥砂浆 1:1	m^3	0.04	0.04	
	素水泥浆	m^3	—	—	
	32.5 级水泥	t	0.08	0.083	
	中砂	t	0.221	0.236	
	砖（152×152）	块	452	452	
编　号			253	258	

四、木门窗框、扇安装（附表 1-7、附表 1-8）

1. 木门窗框安装工作内容

订护口条、紧楔、修整、吊装、找平、固定支撑等全部操作过程。木门窗扇安装工作内容：门窗扇修整、加楔、对扇、截口、安装小五金、拆除门窗框上护口条等全部操作过程。

2. 小组成员和技术等级

七～1、六～1、五～2、四～4、三～2、二～2，平均等级 4.08 级。

附表 1-7　木门窗框安装劳动定额（每 10 樘）

项　　目		木门窗框周长							序号
		6m 以内	8m 以内	10m 以内	12m 以内	14m 以内	16m 以内	18m 以内	
人工	时间定额/工日	0.769	0.909	1.25	1.54	2	2.5	2.86	一
	每工产量	1.3	1.1	0.8	0.65	0.5	0.4	0.35	二
编　号		54	55	56	57	58	59	60	

编者注：樘——门或窗框；量词，一套门（或窗）框和扇。

附表 1-8　木门窗扇安装劳动定额（每 10 扇）

项　　目		胶合板门	普通活窗扇	序号
		面积在 2m^2 以内	面积在 2m^2 以内	
人工	时间定额/工日	1.47	1.18	一
	每工产量	0.68	0.85	二
编　号		142	184	

五、模板工程

1. 安装工作内容

立模板、立支柱、钉拉杆、斜撑、垫板、垫楞、绑铁丝、上螺栓、安木箍、钉卡子、吊正、找平、清理木屑、局部夯土、搭拆 4.5m 高以内简单架子。

2. 工程量计算规则

按与混凝土接触面积以 m^2 计算，不扣除 0.1m^2 以内的留洞面积。牛腿按模板接触面积计算，并入柱内。楼梯、阳台、雨篷、挑檐的模板按水平投影面积计算，不扣除间距小于 50cm 的楼梯井工程量。

3. 小组成员及技术等级

七～1、六～1、五～2、四～4、三～4、二～2，平均等级 3.9 级。

4. 木模板捣制构件劳动定额（附表 1-9）

附表 1-9　木模板捣制构件劳动定额（每 10m²）

项　目		带型基础	柱	墙	梁	有梁板	序号
		水泥砂浆、平面	矩形周长在 1.8m 以内	直形墙	框架梁梁高 在 0.8m 以内	厚度在 10cm 以外	
人工	综合	1.86/0.538	2.5/0.4	1.54/0.649	3.41/2.93	1.97/0.51	一
	制作	0.769/1.3	0.833/1.2	0.5/2	1.04/0.96	0.5/2.0	二
	安装	0.769/1.3	1.3/0.77	0.8/1.25	1.89/0.53	1.1/0.91	三
	拆除	0.323/3.1	0.37/2.7	0.238/4.2	0.476/2.1	0.37/2.7	四
编　号		4	19	45	30	56	

六、钢筋工程

1. 钢筋绑扎工作内容

清扫模板内杂物、绑扎成型、放入模板、搭拆简单架子、地面 60m 以内的水平运输和取放半成品，捣制构件的人力一层、机械六层以内的垂直运输，以及建筑物底层或楼层水平运输。

2. 钢筋绑扎工程量计算规则

按设计图纸计算。搭接部分如图纸未注明，按现行规范增加。

3. 小组成员及技术等级（附表 1-10）

附表 1-10　钢筋工程小组成员及技术等级

项目	小　组　成　员	平均等级
制作	六～1、五～1、四～1、三～2、二～3	3.4
绑扎	六～1、五～1、四～1、三～2、二～1	3.8

4. 捣制构件钢筋劳动定额（附表 1-11）

附表 1-11　捣制构件钢筋劳动定额（每 t）

项　目			灌注桩	带型基础	柱	梁	墙	楼板
			主筋直径在 16mm 以内	主筋直径在 16mm 以内	主筋直径在 25mm 以内	框架梁主筋 直径在 25mm 以内	主筋直径在 12mm 以内	主筋直径在 10mm 以内
人工	综合	机制手绑	6.9/0.145	4.9/0.204	4.39/0.228	4.78/0.209	5.74/0.174	5.43/0.184
		部分机制手绑	7.78/0.129	5.59/0.179	5.11/0.196	5.45/0.183	6.56/0.152	6.47/0.155
	制作	机械	2.9/0.345	2.11/0.473	1.89/0.529	2/0.5	2.17/0.461	2.4/0.417
		部分机制	3.78/0.265	2.81/0.356	2.61/0.383	2.67/0.374	2.99/0.334	3.44/0.291
		手工绑扎	4/0.25	2.78/0.36	2.5/0.4	2.78/0.36	3.57/0.28	3.03/0.33
编　号			1	9	35	44	79	91

七、混凝土工程

1．工作内容

搅拌（又包括砂石等原材料装卸、运输、过泵、加水、机具冲洗）、捣固（又包括混凝土装卸、运输、搭拆马道、安放溜槽、补模板缝隙、清除模板内杂物、浇水湿润、摆放钢筋垫块、混凝土捣实抹平、覆盖养护物、配合实验全部操作）。

2．工程量计算规则

按设计图示尺寸以体积计算，不扣除钢筋、铁件体积。

3．混凝土工程时间定额（附表 1-12）

附表 1-12　混凝土工程时间定额　　　　　工日/m³

定额编号		AH0001	AH0011	AH0010	AH0024	
项目		成孔桩	独立基础 体积≤5m³	有梁满堂基础	矩形柱 周长≤2.4m	序号
机拌机捣	双轮车	0.870	0.735	0.730	1.58	一
	小翻斗	0.685	0.505	0.610	1.42	二
商品混凝土机捣	汽车泵送	0.425	0.225	0.330	0.738	三
商品混凝土机捣	现场地泵送	0.450	0.270	0.349	0.781	四
或集中搅拌机捣	塔式起重机吊斗送	0.500	0.350	0.388	0.868	五
机械捣固		0.605	0.420	0.440	1.18	六

八、防水工程

1．工作内容

熬沥青、填充料加热、裁油毡、配料过称、清理基层、浇油、涂刷、铺贴、压实、搭拆 4.5m 高以内简单架子，原材料和半成品 100m 以内的地面水平运输，建筑物底层或楼层水平运输以及人力一层、机械六层以内的垂直运输。

2．工程量计算规则

按实铺面积计算，压边、拼缝部分不展开，烟囱、通气管部分不扣除面积，地面、墙面防水层按成活面积计算，墙垛按展开面积计算，附加层按实计算。

3．小组成员及技术等级（附表 1-13）

附表 1-13　防水工程小组成员及技术等级

工种	小组成员	平均等级
防水	五～2、四～3、三～2、二～3	3.4

4．防水工程劳动定额（附表 1-14）

附表 1-14　防水工程劳动定额（每 10m²）

项　　目		墙基	地面	平屋面	序号
		一毡一油	一毡一油	一毡一油	
人工	时间定额/工日	0.204	0.244	0.174	一
	每工产量	4.9	4.1	5.75	二
编　号		1	7	37	

九、油漆工程

1．工作内容

清理基层、点漆片、调抹腻子、磨砂纸、配料、材料场内水平垂直运输、搭拆 4.5m 高以内简单架子。

2．工程量计算规则

门窗多面刷油按单面满外量高×宽，栏杆多面刷油按单面满外量高×长，墙单面刷油按单面长×高（实刷面积，扣除门窗洞口，门窗立边不展开），扶手按实刷长度（m）计算。

3．小组成员及技术等级（附表 1-15）

附表 1-15　油漆工程小组成员及技术等级

工种	小　组　成　员	平均等级
油工	七～1、六～1、五～1、四～1、三～2、二～3	3.7

4．油漆工程施工定额（附表 1-16）

附表 1-16　油漆工程施工定额（每 10m²）

项　　目		木门		木门
		三遍调和漆		三遍清漆
人工	综合	1.39/0.719	综合	1.32/0.758
	第一遍刷底油	0.417/2.4	第一遍刷底油	0.395/2.53
	第二遍刷调和漆	0.625/1.6	第二遍油色	0.595/1.68
	第三遍刷调和漆	—	第三遍清漆	—
	面层调和漆	0.348/2.87	面层清漆	0.33/3.03

续表

项　目			木门 三遍调和漆			木门 三遍清漆
材料	调和漆	kg		清漆	kg	1.28
	熟桐油	kg	4.4	熟桐油	kg	0.42
	清油	kg	20	油漆溶剂油	kg	1.38
	油漆溶剂油	kg	0.7	清油	kg	0.24
	石膏粉	kg	10	石膏粉	kg	0.40
	砂纸	张		漆片	kg	0.01
				酒精	kg	0.03
				砂纸	张	3.99
编　号			3			19

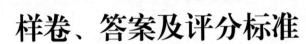

样卷、答案及评分标准

样卷

一、填空题(本题有 20 个空,1、2、3 题每空 1 分,其余题每空 2 分,共 27 分)

1. 施工组织设计的主要内容包括_____、_____、_____、_____、_____,其中,_____是施工组织设计的核心。

2. 工程项目施工准备工作按其性质及内容通常包括_____、_____、_____,其中,_____是施工准备的核心。

3. 就厂房设备基础施工而言,先厂房后设备基础的施工顺序称为_____,先设备基础后厂房(或同时)的施工顺序称为_____。

4. 某工程流水节拍如下表(单位:d),则施工过程 B、C 对应班组间流水步距为:_____。

施工过程	施 工 段			
	1	**2**	**3**	**4**
A	2	4	2	2
B	2	4	4	2
C	2	2	4	2
D	4	4	2	2

5. 多层框架主体工程流水施工,竖向构件钢筋绑扎作为施工过程,一层的工程量为 12t,时间定额为 2 工日/t,施工段数为 3,钢筋工人数为 6,则流水节拍为_____日(四舍五入取整)。若每天工作 10h,则流水节拍为_____ d(四舍五入取整)。

6. 某工地用水量 23.5L/s,则供水管直径为_____mm(管网经济流速为 1.2m/s)。

7. 在下列双代号时标网络计划中,工作 E 的原有总时差是_____。第 6 周末检查发现工作 E 尚需作业 2 周,则工作 E 尚有总时差是_____,对工程工期的影响是:_____。

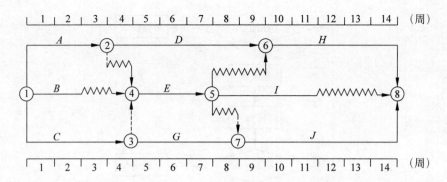

二、是非题（对划"√"，错划"×"，划在题前括号内。本题共 **12** 小题，每小题 **1** 分，共 **12** 分）

（　　）1. 在施工准备阶段编制的施工组织设计，在竣工验收阶段不应有所变化。

（　　）2. 掌握施工条件，是施工准备阶段原始资料调查分析的重要目的。

（　　）3. 流水施工是工程施工中的流水作业。

（　　）4. 流水施工全面优于平行施工。

（　　）5. 工艺过程都是流水施工的施工过程。

（　　）6. 施工段划分要求各段劳动量大致相等（相差 25% 之内）。

（　　）7. 双代号网络计划和单代号网络计划关键线路的标准相同。

（　　）8. 对双代号网络计划 $T_p = T_c$，$TF_{i-j} \geqslant FF_{i-j}$。

（　　）9. 费用优化原理告诉我们：延长工期和缩短工期都可能增加工程费用。

（　　）10. 施工现场设沉淀池、隔油池、化粪池，是绿色施工的要求。

（　　）11. 工期固定——资源均衡优化（削高峰法）优先后移剩余机动范围大且满足削峰目标的工作，剩余机动范围为 $\Delta T_{i-j} = TF_{i-j} - (T_h - ES_{i-j})$，$T_h$ 为高峰时段的最后时刻。$\Delta T_{i-j} < 0$ 时停止优化。

（　　）12. 室内外装饰自上而下的施工顺序与分段自上而下的施工顺序相比，基层变形时间短而更不稳定。

三、简答题（本题有 **3** 道小题，共 **21** 分）

1. 某工程有 3 个施工过程、2 个施工层，流水节拍 $t_1 = t_2 = t_3 = 2d$，无间歇时间。施工段数应取多少？施工段数 $m = 2$ 的下列横道图存在什么问题？（6 分）

施工过程	进度/d							
	2	4	6	8	10	12	14	16
I	一1	一2	二1	二2				
II		一1	一2	二1	二2			
III			一1	一2	二1	二2		

2. 结合以下工期优化的框图说明不能压缩的标准、选工作的标准、压缩的方法。（9 分）

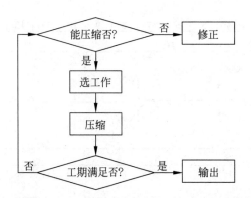

3. 现浇钢筋混凝土结构主体工程施工的一般顺序（答出一种即可）。（6 分）

四、作图题（本题有 2 小题，每题 9 分，共 18 分。表中每项工作关系画对得 1 分，每违规一条扣 1 分，扣完 9 分为止。）

1. 按以下关系绘制双代号网络图。

工作	A	B	C	D	E	F	G	H	I
紧后工作	D、E、F	E、F	F	G	G、H、I	I	—	—	—

2. 按上述关系绘制单代号网络图。

五、综合题（本题有 2 小题，共 22 分）

1. 某工程有 3 个施工过程、2 个施工层，流水节拍 $t_1=t_2=t_3=2d$，一、二过程间间歇时间为 1d，层间间歇时间为 1d。试组织流水施工，要求判断流水施工方式的种类，计算流水步距、施工段数，画出横道图。（10 分）

2. 用图算法计算下图时间参数并按图中右侧参数标注位置标注，用双线标注关键线路。（12 分）

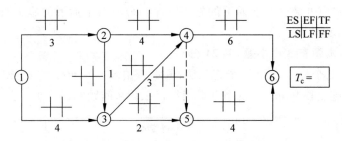

样卷答案及评分标准

一、填空题（本题有 20 个空，1、2、3 题每空 1 分，其余题每空 2 分，共 27 分）

1. 工程概况、施工方案、施工进度计划、施工平面图、技术经济指标，施工方案。

2. 组织准备、物资准备、技术准备、施工现场准备，技术准备。

3. 封闭式施工、开敞式施工。

4. 6。

5. 1、1。

6. 158。

7. 1、0、无影响。

二、是非题(对划"√",错划"×",划在题前括号内。本题共 **12** 小题,每小题 **1** 分,共 **12** 分)

×:1、4、5、6、7、12。 √:2、3、8、9、10、11。

三、简答题(本题有 **3** 道小题,共 **21** 分)

1.(6 分)3(2 分)。最后施工过程Ⅲ没有完成一1段上的工作,第一个施工过程就进入二1段工作,工艺逻辑错误(一2和二2也有类似问题。答出其中一个即可)(4 分)。

2.(9 分)不能压缩的标准(1 分):一条关键线上所有关键工作的持续时间都达到最短,则不能压缩。

选工作的标准(4 分):(1)对关键线路的关键工作;(2)压缩对质量、安全影响不大;(3)有备用资源;(4)增加费用少(或组合费用率)低。

或:优先选择系数综合考虑各选择标准,数小优先(2 分);或对多线用组合优先选择系数(1 分);不能压缩工作的优先选择系数=∞(1 分)。

压缩的方法(4 分):在本工作的时限内(2 分),同时被压缩工作不能成为非关键工作(≤平行工作 TF;参考;有时平行工作难找,试压缩)(2 分)。

3.(6 分)竖筋→竖模→竖混凝土→水平模→水平筋→水平混凝土(每项 1 分)。

或:(竖筋,水平模)→(水平筋,竖模)→混凝土(每项 2 分);

或:竖筋→水平模→(水平筋,竖模)→混凝土(每项 1.5 分);

或:竖筋→模→水平筋→混凝土(每项 1.5 分)。

四、作图题(本题有 **2** 小题,每题 **9** 分,共 **18** 分。表中每项工作关系画对得 **1** 分,每违规一条扣 **1** 分,扣完 **9** 分为止)

1.

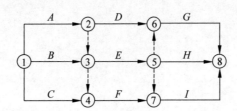

2.

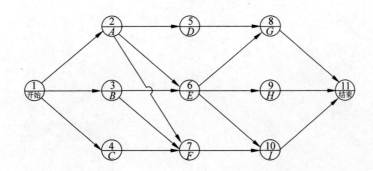

五、综合题（本题有 **2** 小题，共 **22** 分）

1.（10分）全等节拍流水（1分）。

$K=2$d（1分）。$m \geqslant 3+1/2+1/2=4$，取 4（2分）。横道图（6分，每个过程2分）：

施工过程	进度/d										
	2	4	6	8	10	12	14	16	18	20	22
1	—1	—2	—3	—4	二1	二2	二3	二4			
2			—1	—2	—3	—4	二1	二2	二3	二4	
3					—1	—2	—3	—4	二1	二2	二3	二4

2.（12分）。每个工作6参数全对得1分，T_c 对得1分，关键线路对得2分。

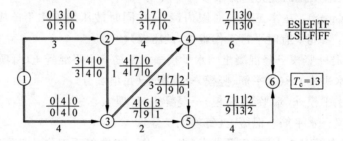

附录3

课程设计任务书及指导意见

本任务书及指导意见以某商住楼为例,其他建筑只要有建施、结施和施工现场平面图,都可以按照本任务书及指导意见的基本思路进行一周的施工组织设计。该商住楼地下室为车库,一层为商店,二层为办公室,三～六层为住宅,地下室、一层、二层为钢筋混凝土框架结构,三～六层为砖混结构,建筑平面尺寸如附图 3-1 所示,工程量如附表 3-1 所示。

1. 课程设计目标

(1) 进一步巩固和加深学生所学的施工组织理论,培养学生设计、计算、绘图、文献查阅、报告撰写等基本技能。

(2) 培养学生独立分析和解决工程实际问题的能力。看懂建筑施工图及结构施工图,概括工程概况,选择施工方案,编制施工进度计划,编制资源需求计划,设计施工平面图,确定技术经济指标。

(3) 培养学生的团队协作精神、创新意识、严肃认真的治学态度和严谨求实的工作作风。

2. 课程设计题目

某商住楼施工组织设计。

3. 课程设计依据

(1) 某商住楼建筑施工图 1 套(含建施、结施)。

(2) 某商住楼施工现场平面图(附图 3-1)。

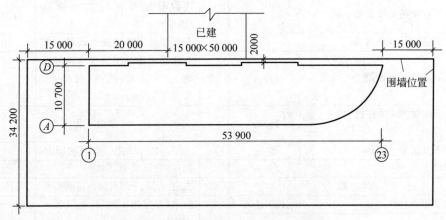

附图 3-1　某商住楼施工现场平面图

4.课程设计任务及要求

（1）看懂建筑施工图及结构施工图，能够画指定位置的剖面图，在课程设计说明书说明图中交代不明或错误之处等。

（2）概括工程概况。

（3）选择施工方案。确定施工顺序，并选择各工序施工方法（包括土方工程 基础工程、钢筋工程、模板工程、混凝土工程、砌筑工程、防水工程、装饰工程），以服务确定施工顺序和编制横道图。

（4）编制施工进度计划。学生分工对给定的参考工程量进行计算、复核，确定定额和计算持续时间，并在全班分享，分工如附表 3-1 所示。设计全工程进度的横道图（要求工期为120＋学号×2，表头中重要数据全面）及分部工程进度的双代号网络计划（要求计算 6 参数，标注关键线，工期与横道图相应要求工期相同。主体工程网络计划可仅画两层建筑施工。学号个位 1、4、7、0 的学生选做基础工程网络计划，学号个位 2、5、8 的学生选做主体工程网络计划，学号个位 3、6、9 的学生选做装饰工程网络计划），在设计说明书对组织严格流水的参数选择过程进行说明。画 1 张图。

附表 3-1 某商住楼施工参考工程量

序号	分项名称	工程量	序号	分项名称	工程量
	基础工程		18	框架柱筋绑扎（两层）	8t
1	建筑放线和验线	2d	19	框架柱模板安、拆（两层）	1150m²
2	基础挖土（另外验槽 1d）	2760m³	20	框架柱混凝土浇筑（两层）	110m³
3	混凝土垫层模板安、拆	12m²	21	框架梁板梯模板安、拆（两层）	2000m²
4	混凝土垫层浇筑	65m³	22	框架梁板梯筋绑扎（两层）	30t
5	基础扎筋	35t	23	框架梁板梯混凝土浇筑（两层）	320m³
6	基础模板安、拆	450m²	24	框架砌墙（两层）	685m³
7	基础混凝土浇筑	315m³	25	砖混构造柱筋绑扎（四层）	4t
8	地下室柱筋绑扎	6t	26	砖混砌墙（四层）	900m³
9	地下室柱模安、拆	420m²	27	砖混构造柱梁板梯模板安、拆（四层）	2000m²
10	地下室柱混凝土浇筑	65m³	28	砖混梁板扎筋（四层）	62t
11	地下室梁板梯模板安、拆	865m²	29	砖混柱梁板梯混凝土浇筑（四层）	1000m³
12	地下室梁板梯筋绑扎	17t	30	女儿墙及屋顶楼梯间砌筑	50m³
13	地下室梁板梯混凝土	140m³	31	女儿墙压顶及屋顶楼梯间屋顶施工（含钢筋、模板、混凝土。压顶厚 10cm）	20m³（混凝土）
14	地下室防水（含底板、找平、卷材保护）	980m²		屋面工程	
15	地下室砌墙	100m³	32	二层、六层屋面保温加气块铺砌	900m³
16	回填土	700m³	33	二层、六层屋面找坡	120m³
	主体工程		34	二层、六层、七层及雨篷屋面找平	120m³
17	脚手架搭、拆	120 延米	35	防水（二层顶＋六层、七层顶＋雨篷）	（100＋550＋6）m²

序号	分项名称	工程量	序号	分项名称	工程量
36	屋面保护地砖	$600m^2$	45	地下室、三层至六层顶棚抹灰	$1500m^2$
37	水落管安装	9根	46	外墙面砖粘贴(不含面砖以下找平层施工)	$220m^2$
	装饰工程		47	室外地面以上墙面外抹灰	$2500m^2$
38	地下室水泥地面抹灰(含所有构造层施工)	$600m^2$	48	外墙涂料(不含涂料层以下找平层施工)	$250m^2$
39	一层地砖(含所有构造层施工)	$600m^2$	49	楼梯间地顶墙抹灰(地下室、一层至六层)	$420m^2$
40	二层至六层地砖(含所有构造层施工)	$800m^2$	50	台阶施工(含抹灰等所有构造层施工)	$180m^2$
41	二层至六层水泥地面(含所有构造层施工)	$2200m^2$	51	坡道施工(含抹灰等所有构造层施工)	$5m^2$
42	二层至六层厨卫墙砖(含所有构造层施工)	$2300m^2$	52	散水施工(含抹灰等所有构造层施工)	$60m^2$
43	地下室及一层至六层墙面内抹灰	$2400m^2$	53	门窗安装(含框、扇、玻璃、五金安装)	952樘
44	一层、二层吊顶	$1000m^2$	54	刷油漆(木门、栏杆)	$250m^2$

(5) 设计施工平面图。基础、主体、装饰三阶段选一,分工同上。说明书对临设房屋面积计算、道路宽度及结构设计、水电用量及水管管径电线截面积等计算、临设工程量计算及计利用率设计、场地利用率(＝临设占地面积/施工占用场地总面积)设计等过程进行详细说明。画1张图。

(6) 编制资源需求计划表(包括主要工种工人、机具、材料。该表可包含在说明书中)。自选编制施工准备工作计划(该计划可包含在说明书中)。

(7) 确定技术经济指标并评价指标水平。

(8) 其他要求。

① 设计说明书由封面、目录、正文、参考文献等组成。设计说明书有问题、有分析、有措施,计算过程明了、完整、正确,重要内容和观点等要注明参考文献号,字迹清楚,字数不少于0.4万字(不包括选作内容)。

② 绘制白图纸铅笔线图或墨线图,或经导师同意计算机绘图。图面整洁、使用仿宋字,按比例绘制。画2号图不少于2张。图纸折叠后与设计说明书一起装入档案袋。

③ 装订、设计说明书封面、成绩评定记录表全院统一。

④ 学生设计项目和参数分工如附表3-2所示。

附表 3-2　学生设计项目和参数分工

学号	工程量计算复核 附表 3-1 序号	用水量计算参数区分				电器功率 (其他电器自定)	
		$q_1/$ $(10m^3/d)$	$q_2/$ $(10m^3/d)$	$q_3/$ $(0.1m^3/d)$	$q_4/$ (m^3/d)	塔式起重机 额定功率/kW	电焊机额定 容量/(kV·A)
1	2、3、4	24	20	5	5	20	20
2	5、6、7	25	21	6	6	25	21

学号	工程量计算复核 附表 3-1 序号	用水量计算参数区分				电器功率（其他电器自定）	
		$q_1/$ $(10m^3/d)$	$q_2/$ $(10m^3/d)$	$q_3/$ $(0.1m^3/d)$	$q_4/$ (m^3/d)	塔式起重机 额定功率/kW	电焊机额定 容量/(kV·A)
3	8、9、10	26	22	7	7	30	22
4	11、12、13	27	23	8	8	35	23
5	14、15、16、17	28	24	9	9	40	24
6	18、19、20	29	25	10	10	45	25
7	21、22、23	30	26	5	11	50	26
8	24	31	27	6	12	20	27
9	25、26	32	28	7	13	25	28
10	27、28、29	33	29	8	14	30	29
11	30、31	34	30	9	15	35	30
12	32、33、34	35	31	10	5	40	20
13	35、36、37	36	32	5	6	45	21
14	38、39	37	33	6	7	50	22
15	40、41	38	34	7	8	20	23
16	42、43	39	35	8	9	25	24
17	44、45	40	36	9	10	30	25
18	46、47、48	41	37	10	11	35	26
19	49、50	42	38	5	12	40	27
20	51、52	43	39	6	13	45	28
21	53、54	44	40	7	14	50	29
22	5、6、7	45	41	8	15	20	30
23	8、9、10	46	42	9	5	25	20
24	11、12、13	47	43	10	6	30	21
25	14、15、16、17	48	44	5	7	35	22
26	18、19、20	49	45	6	8	40	23
27	21、22、23	50	46	7	9	45	24
28	24	51	47	8	10	50	25
29	25、26	52	48	9	11	20	26
30	27、28、29	53	49	10	12	25	27
31	30、31	54	50	5	13	30	28
32	32、33、34	55	51	6	14	35	29
33	35、36、37	56	52	7	15	40	30
34	38、39	57	53	8	5	45	20
35	40、41	58	54	9	6	50	21
36	42、43	59	55	10	7	20	22
37	44、45	60	56	5	8	25	23
38	46、47、48	61	57	6	9	30	24
39	49、50	62	58	7	10	35	25
40	51、52	63	59	8	11	40	26
41	53、54	64	60	9	12	45	27

续表

学号	工程量计算复核 附表 3-1 序号	用水量计算参数区分				电器功率 (其他电器自定)	
		$q_1/$ $(10m^3/d)$	$q_2/$ $(10m^3/d)$	$q_3/$ $(0.1m^3/d)$	$q_4/$ (m^3/d)	塔式起重机 额定功率/kW	电焊机额定 容量/(kV·A)
42	5、6、7	65	61	10	13	50	28
43	8、9、10	66	62	5	14	20	29
44	11、12、13	67	63	6	15	25	30
45	14、15、16、17	68	64	7	5	30	20
46	18、19、20	69	65	8	6	35	21
47	21、22、23	70	66	9	7	40	22
48	24	71	67	10	8	45	23

5. 课程设计主要参考资料

[1] 建筑施工手册(第五版)编委会.建筑施工手册(第一分册)[M].5 版.北京：中国建筑工业出版社,2011.

[2] 四川省建设工程造价管理总站,四川省造价工程师协会.LD/T 72.1～11—2008 建设工程劳动定额(建筑工程),LD/T 73.1～4—2008《建设工程劳动定额》(装饰工程).2008,或河北省建筑工程定额管理站.河北省建筑安装工程施工定额(土建工程,一、二).1984.

6. 课程设计进度安排(附表 3-3)

附表 3-3　课程设计进度安排

时间	工作内容
第一天	布置设计任务,识图,计算和复核工程量
第二天	严格流水分析
第三天	编制施工进度计划、画图
第四天	设计施工平面图、画图
第五天	成果整理、答辩

7. 课程设计成绩考核办法

按课程设计教学大纲,①设计图纸,占 30%；②设计说明书,占 30%；③态度和纪律,占 10%；④答辩,占 30%。成绩按分优、良、中、及格和不及格五档。

8. 课程设计指导意见

(1) 识图是最先要做的,也很重要,所谓按图施工,图没看懂,没有房子的立体形象,不能把房子拆解为一个一个的构件或部分,就不能把一个一个的构件或部分建成房子,也就无从谈确定施工顺序、设计施工进度等后续工作。是否画剖面图自选。

(2) 工程量的计算服务于设计施工进度计划,可以不像预算那样精确,但应没有大的出入,而且工程量的计算要按照施工定额或劳动定额的计算规则(教材附录有一部分工程量计算规则),其中,钢筋工程量可以按结施图计算一部分典型构件钢筋量,折算为构件体积含钢量估算整个建筑钢筋量,这样基于具体的施工图纸,虽限于课设时间有限不能逐根钢筋计算,但与泛泛的含钢量算法不同;模板工程量算法同样,计算部分典型构件接触面积后折算为单位构件体积的模板量,用以估算更大范围的模板工程量。学生分工计算一部分工程量后在班内共享,在设计说明书内只需要说明自己计算的那部分工程量计算过程即可。附表中坡道、台阶、散水的工程量,没有再划分到最细的工序,学生可以选择进行更细的工序划分,反应在横道图上。横道图中工序越细越好。

(3)严格流水施工设计主要对主体工程,基础只有一层,可以分段,组织流水施工的意义和难度都不大;装饰工程空间大,组织流水施工的意义和难度也都不大。框架部分包括地下室共3层,可以统一组织流水施工,施工过程选择可以借鉴教材图2-1、图2-14、图2-15。砖混结构部分主体工程流水施工的施工过程建议选择:砌墙、柱梁板梯模板、梁板梯钢筋等3个,但构造柱钢筋与砌墙共用施工段、混凝土夜班浇筑,应反映在整个建筑施工进度计划的横道图中。

(4)施工平面图中各个临设的大小要逐一说明来历或依据。

(5)资源需求计划根据施工进度计划编制。

(6)技术经济指标可以在教材等资料中的系列指标中结合本工程选用。

(7)说明书要索引所画大图,而不是重复画图。说明书目录参见教材,要有题目、有页码。说明书正文要有页码。

(8)课程设计要搞懂,否则答辩很难通过。答辩在同一时间、同一场所、在各自的答辩表格上完成。答辩问题涉及识图、流水施工、施工平面图临设大小等主要设计内容,每个人的答辩问题与周围同学的答辩问题不同。答辩不通过则课设不通过是更高要求,是课设教学发展方向。